凸凸驴
凸凸驴

凸凸驴
TUTUDONKEY

TuTu&LuLu
情人兒們 七夕快樂

TuTuDonkey
TTL
凸凸驴

"凸凸驴"系列鼠绘作品

U0199103

天朝羽作品

一猫一狗作品

布袋猪 悟空达人作品

粉红蟹作品

猫紫作品

动漫设计与制作职业教育新课改教程

Flash 动画制作基础与项目教程

（CS3 版）

张　峤　桂双凤　编著

机 械 工 业 出 版 社

本书为零基础的读者提供了 Flash 基础知识的课堂讲解，用趣味性高、诙谐的项目贯穿整书。为了使知识与知识之间形成有机的联系，书中增加了“佳作推荐”、“技巧速记”、“善意的提示”、“提高项目”等知识点。其中，“佳作推荐”用于鉴赏一些精品实例，目的是提升读者的审美能力。“技巧速记”用于将 Flash 中的技巧告知读者，以便读者掌握技巧规律，提升制作速度。“善意的提示”提示、点播在制作中可以发挥的地方，举一反三，形成知识的扩展或避免的小错误。“提高项目”是在示范项目的基础上增加了项目难度，使读者在掌握基础知识的前提下扩展项目难度，提高制作水平。

本书内容丰富、结构清晰、实例典型、讲解详尽，富于启发性。为使读者更好地学习，本书还配有电子课件、项目素材和源文件及相关视频文件，读者可在机械工业出版社网站 www.cmpedu.com 上免费注册登录后下载相关资源或联系编辑索取（010-88379934）。

本书可作为各职业院校计算机相关专业、动漫专业的教材，也可作为从事动画设计初、中级用户的参考书。

图书在版编目（CIP）数据

Flash 动画制作基础与项目教程（CS3 版）/ 张峤，桂双凤编著. —北京：机械工业出版社，2010.3（2019.1 重印）
动漫设计与制作职业教育新课改教程
ISBN 978-7-111-28940-1

Ⅰ. ①F… Ⅱ. ①张… ②桂… Ⅲ. ①动画—设计—图形软件，Flash CS3—高等学校：技术学校—教材 Ⅳ. ①TP391.41

中国版本图书馆 CIP 数据核字（2010）第 030542 号

机械工业出版社（北京市百万庄大街 22 号 邮政编码 100037）
策划编辑：孔熹峻 责任编辑：蔡 岩
责任印制：孙 炜
保定市中画美凯印刷有限公司印刷

2019 年 1 月第 1 版第 7 次印刷
184mm×260mm · 11.25 印张 · 300 千字
15001—16000 册
标准书号：ISBN 978-7-111-28940-1
定价：43.00 元
凡购本书，如有缺页、倒页、脱页，由本社发行部调换

电话服务
社服务中心：（010）88361066
销售一部：（010）68326294
销售二部：（010）88379649
读者购书热线：（010）88379203

网络服务
门户网：http://www.cmpbook.com
教材网：http://www.cmpedu.com
封面无防伪标均为盗版

前 言

Flash 是美国 Macromedia 公司设计的一种二维动画软件。由于它在应用程序开发、软件系统界面开发、手机应用开发、游戏开发、Web 应用服务、站点建设和多媒体娱乐等方面的广泛应用，越来越多的人们开始注重对 Flash 软件的学习。目前也是职业学校相关专业必修的一门专业课程。

本书是在进行了专门市场调查、分析、研究的基础上，会同动漫专业人士、职业院校教师根据院校“培养目标与人才规格”要求，以“项目教学”的思路进行编写的。编者根据职业院校学生的特点，紧密联系学生的实际情况，充分调动学生学习的积极性，按照学生的认知规律编写各个知识点，以实际创作的 Flash 动画中会出现的问题为主线设计项目，注重由浅入深、循序渐进、贴近生活和实际工作需求。本书既适合职业院校教师教学使用，也适合学生自学，对培养提高学生的学习能力和实际操作能力有很大的帮助。对于广大闪客爱好者也不失为一本难得的好书。

本书的最大特点就是根据企业实际工作过程，以项目为主线，将动漫设计制作过程详尽地介绍给读者。书中项目内容健康、充实、通俗易懂，图文并茂，趣味性强，能够提高学生学习的积极性，锻炼和提高学生的综合实践能力。

本书共分为 11 章，32 个项目。第 1 章介绍了 Flash 系统需求和辅助工具。第 2 章介绍了 Flash CS3。第 3 章介绍了绘制简单图形的方法。第 4 章介绍了逐帧动画的制作方法。第 5 章介绍了补间形状动画的制作技巧。第 6 章介绍了创建补间动画的方法。第 7 章介绍了引导线动画制作。第 8 章介绍了遮罩动画的实现。第 9 章介绍了经典案例分析。第 10 章介绍了 ActionScript 3.0 代码。第 11 章介绍了 Flash 相关软件的使用。本书每章的项目都由易到难进行编排，便于学生提高学习成绩。

本书由张峤、桂双凤编著，在编写过程中还得到了杨若磊、牛小甲、悟空达人、粉红蟹、猫紫等朋友们的支持与帮助，在此表示感谢。由于作者水平有限，编写时间仓促，书中难免有纰漏和不足之处，欢迎读者批评指正。

编 者

目 录

第 1 章　Flash CS3 系统需求和辅助工具

Flash 是当今网络上主流的矢量动画与动态脚本相结合的多媒体软件，其具有制作网络动画、手机动画、电视动画、游戏、教学课件、网站等功能。本书以 Flash CS3 Professional 版本来详细介绍 Flash 的动画制作和 Action Script 3.0 脚本代码的应用。

1.1　Flash CS3 的硬件配置

基本配置：

CPU：奔腾 D

内存：512MB

显存：独立显卡 128MB

硬盘空间：512MB

显示器：17in 纯平

理想配置：

CPU：AMD 双核　酷睿双核（更高）

内存：2GB（或更高）

显存：独立显卡 512MB（或更高）

硬盘空间：2GB（或更高）

显示器：19in 纯平

善意的提示

鼠标的要求：很多 Flash 作品都是由普通鼠标进行制作完成的，掌握了制作技巧后，普通的鼠标一样可以制作出高水平的 Flash 动画。

1.2　辅助工具的介绍

打造出一个优秀的 Flash 作品，辅助工具也是必不可少的好帮手。

数位板

数位板（绘图板）是很多 Flash 高手的必备“武器”，使用数位板绘制动画能够提高工作效率，也能逐步提高动画制作的绘画水平。数位笔具有的压感效果也是鼠标无法媲美的。

以下是市场上主流的数位板，如图 1-1 所示。

WACOM 公司生产的数位板 Bamboo 影拓等系列。Bamboo 系列的大众化价格比较便宜，对 Flash 制作来讲压感也足够了，建议新手使用。而影拓系列则价格比较昂贵。

汉王公司的系列数位板。汉王公司同样也有大量的高低档的数位板，压感 512 级和 1024 级。

数位板绘制出的图如图 1-2、图 1-3 所示。

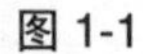

WACOM 的影拓和 Bamboo　　　　汉王数位板

图 1-1

图 1-2

图 1-3

扫描仪

扫描仪可以把我们需要的手绘线稿、照片、杂志图片等扫描到电脑内，导入到 Flash 中完成勾线上色等，能有效地提高工作效率。扫描仪如图 1-4 所示，扫描仪获取的素材如图 1-5 所示。

图 1-4

图 1-5

数码相机

在动画的制作中，好的创意和作品往往来源于生活，用数码相机记录下一些有意思和有创意的事物，对动画的制作是很有帮助的。数码相机如图 1-6 所示，数据相机搜集的素材如图 1-7 所示。

图 1-6

图 1-7

第 2 章　认识 Flash CS3

2.1　Flash CS3 起始页

打开 Flash CS3 后首先会出现起始页界面，如图 2-1 所示。

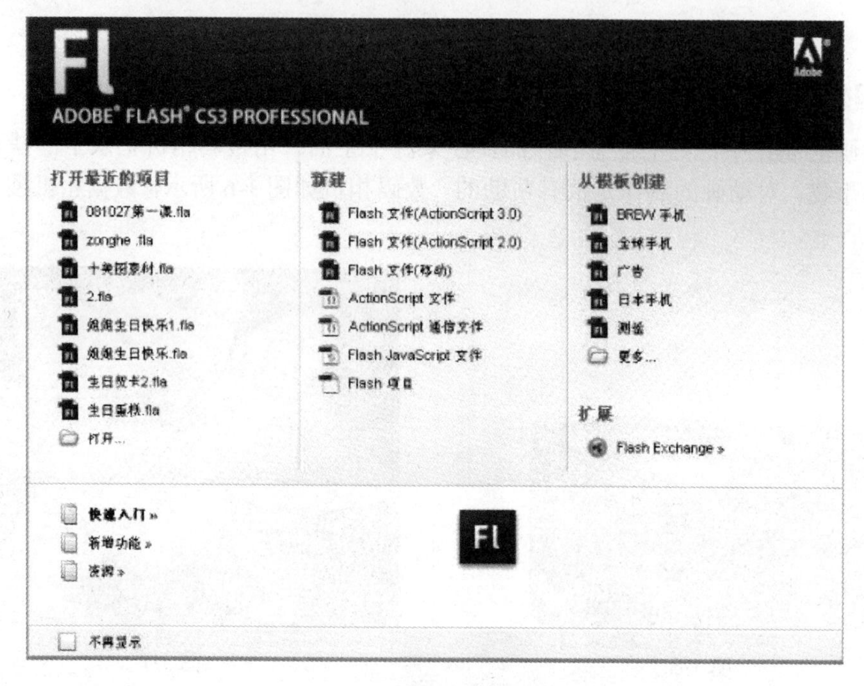

图 2-1

- ✍ 打开最近的项目：用于快速打开最近使用过的 Flash 文档。
- ✍ 新建：用于创建各种类型的 Flash 文档，如：ActionScript 3.0 文档、ActionScript 2.0 文档等。
- ✍ 从模板建立：创建各种模板类型的文档，如：手机动画、广告等。
- ✍ 隐藏起始页：在“不再显示”选项前画勾后起始页隐藏。

显示起始页：执行“编辑”→“首选参数”→“常规”→“启动时”，选择“欢迎屏幕”即可，如图 2-2 所示。

类别　常规
常规
ActionScript
自动套用格式
启动时：欢迎屏幕

图 2-2

2.2 操作界面

点击起始页中的“新建”中的“Flash 文件（Action Script 3.0）”界面切换到 Flash 的操作界面。界面由菜单栏、工具栏、时间轴、舞台、属性窗口、浮动面板组成，如图 2-3 所示。

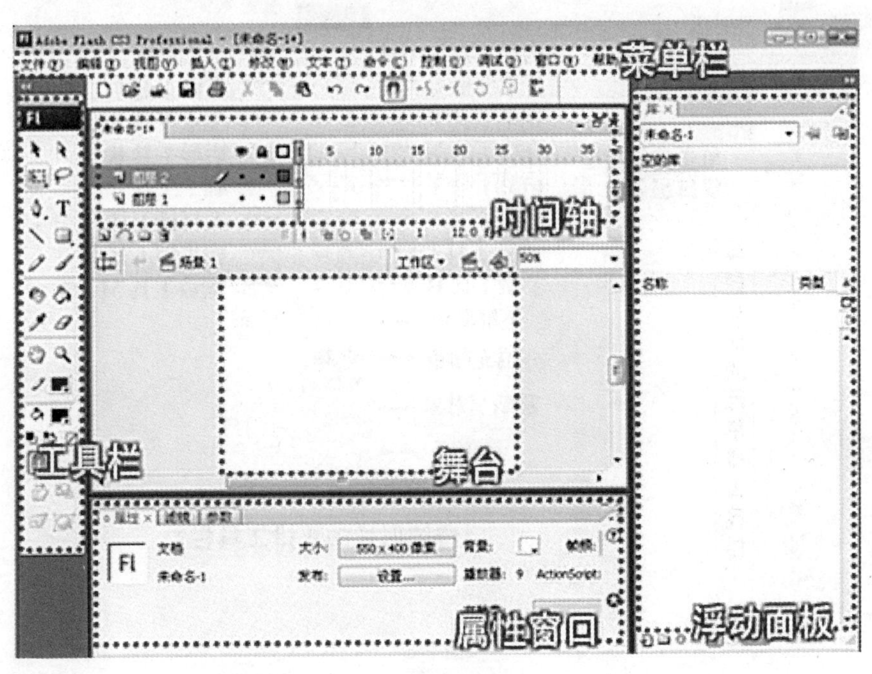

图 2-3

菜单栏

菜单栏位于工作界面的上方，Flash CS3 中的大部分命令都来源于菜单栏。菜单栏也可以通过快捷键来打开相应的选项。按<Alt>+相应的快捷键即可，如图 2-4 所示。

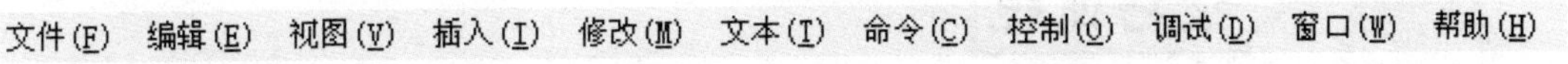

文件(F)　编辑(E)　视图(V)　插入(I)　修改(M)　文本(T)　命令(C)　控制(O)　调试(D)　窗口(W)　帮助(H)

图 2-4

主工具栏

主工具栏，通常以扁长矩形的形状放置在操作界面的第三行上。可以用“窗口”→“工具栏”→“主工具栏”命令打开或关闭主工具栏。运用主工具栏上的快捷按钮，可以十分方便地新建文档、打开文档、保存文档、撤销操作、恢复操作和打开“对齐”面板，如图 2-5 所示。

图 2-5

工具栏

工具栏位于 Flash 软件的左侧，它是 Flash 非常重要，也是最基本的操作工具。灵活运用好每个工具也是制作 Flash 动画的第一步。下面为大家讲解每个选项的用途以及作用。工具栏截图如图 2-6 所示。

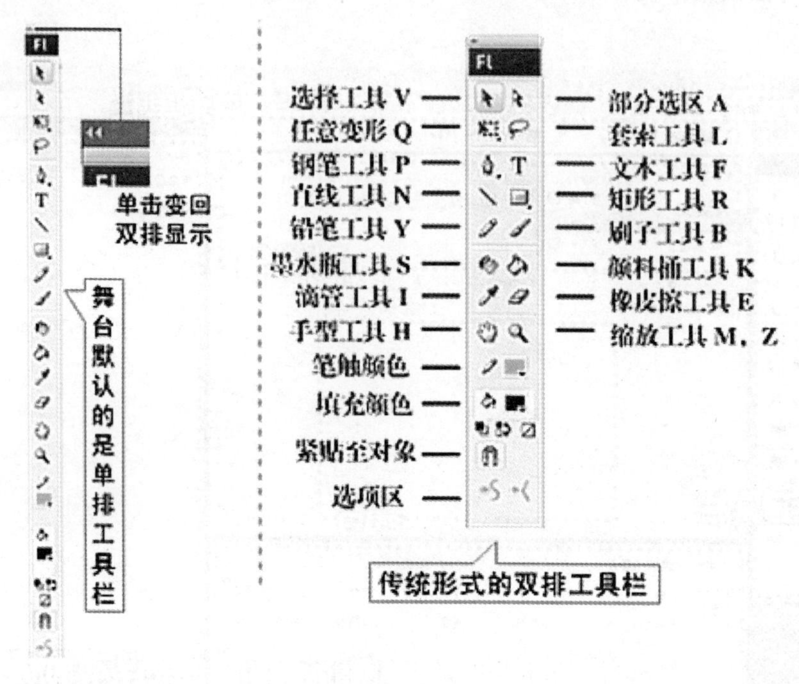

图 2-6

选择工具：Flash 中的“选择工具”是最为灵活和强大的工具之一。它不仅可以选择相应的对象，也可以对线条、图形、图片进行各种调整，可以用“微调”来形容。它是制作 Flash 动画最常用、最重要的好“帮手”。快捷键为<V>。

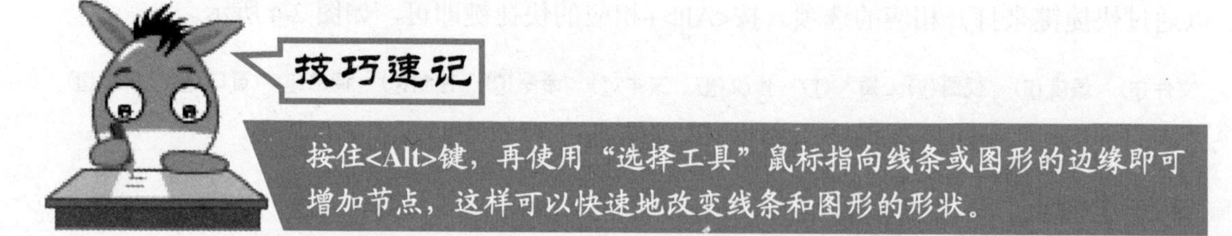

技巧速记
按住<Alt>键，再使用“选择工具”鼠标指向线条或图形的边缘即可增加节点，这样可以快速地改变线条和图形的形状。

部分选取：部分选取工具选择图形后，图形的四周会出现节点，拖拽节点可以对图形进行修改，按<Del>键可以删除多余节点。快捷键为<A>。

任意变形工具：顾名思义它可以将线条、图片、图像、元件、按钮、影片剪辑等随意地进行旋转、缩放、扭曲、封套。按<Shift>键可以等比例缩放，按<Shift+Alt>键由中心点等比例缩放。灵活运用好此工具，也是 Flash 元件动画的好帮手。快捷键为<Q>。

选择任意变形工具后在工具栏下面的选项区会出现旋转、缩放、扭曲、封套四个选项，如图 2-7 所示。

------ 旋转与倾斜
------ 缩放
------ 扭曲
------ 封套

图 2-7

注：旋转与倾斜、缩放工具可以对线条、图形、元件等任意元素进行变化。扭曲、封套工具只能对打散后的元素进行变化。（打散后的图形会出现小颗粒状），如图 2-8 所示。

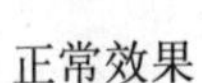

正常效果　旋转与倾斜效果　缩放效果　扭曲效果　封套效果

图 2-8

渐变变形工具：渐变变形工具主要是调节渐变填充色的大小、方向、旋转、位置等。工具栏中默认的并没有这个选项，我们需要点击“任意变形工具”不要放手，1 秒钟后渐变变形工具就会出现，如图 2-9 所示。

渐变变形工具使用图解，如图 2-10 所示。

图 2-9

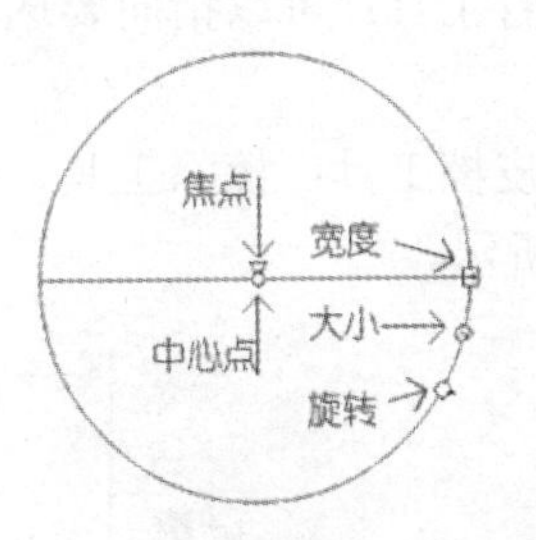

图 2-10

中心点：鼠标指向中心点后，鼠标变为“✣”形状，方可移动中心点。

焦　点：只有放射状填充才会出现焦点手柄，焦点手柄为“▽”形状。

宽　度：调整渐变的宽度，拉长或缩短。图标为“⇥”形状。

大　小：改变渐变色大小的图标为“⊖”形状。

旋　转：围绕着“中心点”进行任意旋转。图标为“↻”形状。

套索工具：套索工具可以把线条、图形打散后的图片进行部分的选择，在工具栏下方的选项区有魔术棒和多边形模式。魔术棒的选取功能只能运用在打散后的图片上。在设置中，“阈值”越大所选颜色范围越大。

钢笔工具：本身有绘图的功能，但也具有改变其他曲线的功能，它可以让一条曲线之间增加或删减节点。有句俗话说“不会用钢笔就别说会用 flash”，可见其重要作用。钢笔工具刚开始不太容易上手，不用操之过急，随着对软件的熟悉，逐渐就可以熟练运用了，如图 2-11 所示。

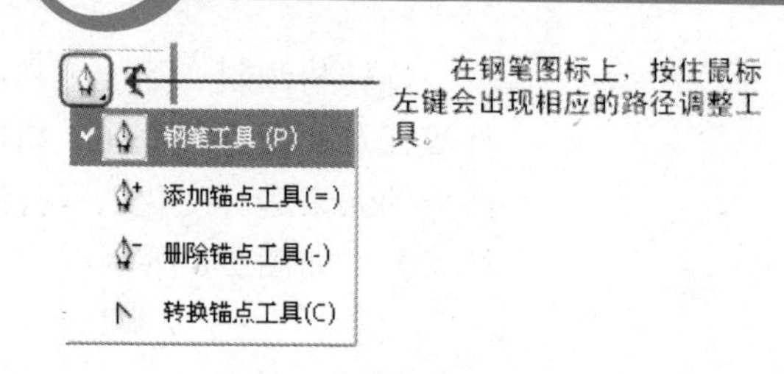

图 2-11

文本工具：输入文字的工具。

直线工具：直线工具是 Flash 中常用的工具，也是元件动画必不可少的主要工具。包括抠图、描线等。配合选择工具结合使用，能快速地绘画出想要的图形。

矩形工具：点击矩形图标不松手会出现更多图形。按住<Shift>键绘画出正方形和圆形。基本矩形工具：可以画出带倾斜角的方形。基本椭圆工具：可以画出饼图形状等。多角形工具：在属性的选项中，可以设置样式。

铅笔工具：有了直线和钢笔，铅笔工具显得逊色不少。铅笔工具大多配合数位板进行绘图。推荐给有绘画功底的人使用。

刷子工具：刷子工具和铅笔工具不同之处在于铅笔是笔触状态，刷子是填充状态，也是用数位板的人经常用的工具，数位板安装驱动后会增加压感选项。

墨水瓶工具：此工具是对图形进行描边的，可以给图形加上外边框。

颜料桶工具：可以将封闭状态的图形图像进行填色，是 Flash 中重要的工具。

滴管工具：可以指向要选取的颜色进行吸附，再填充到对象上。滴管工具可选取渐变色。

橡皮擦工具：擦除工具，可以擦掉图形线条等，在选项区中可以进行相应的设置，如图 2-12 所示。

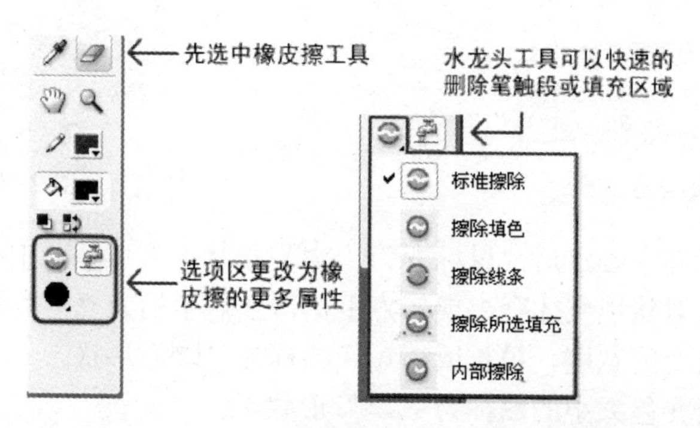

图 2-12

手型工具：手型工具的作用是移动舞台。

缩放工具：将舞台放大、缩小。按快捷键<M>为放大；按<Alt+M>键为缩小。

时间轴

时间轴用于组织和控制一定时间内的图层和帧中的文档内容。时间轴左边为图层，右边为帧，动画从左向右逐帧进行播放，如图 2-13 所示。

时间轴各工具按钮的作用如图 2-14 所示。

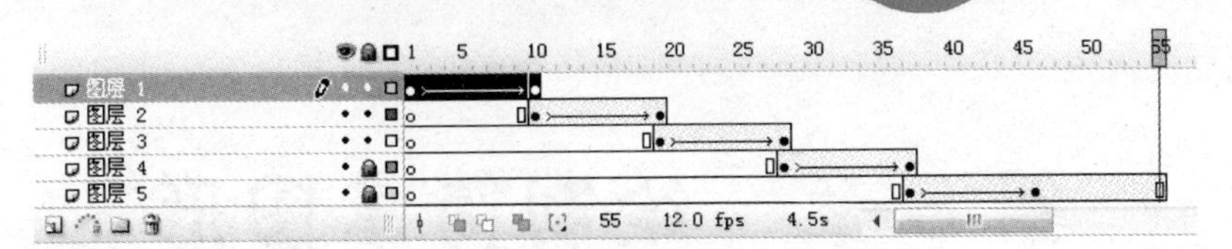

图 2-13

图标	说明	功能
	新建图层	一个完整的flash会有很多的图层，合理的运用图层，能让你的flash出错率降低修改画面的速度也会相应的加快，给图层命名也是必要的。
	引导线	添加引导线让图形规律的运动起来。
	图层文件夹	可以将部分图层打成文件夹，可以使凌乱的时间轴变的清晰。
	删除图层	删除不要的图层。
	隐藏时间轴	点击可以隐藏时间轴，再次点击则显示。
	显示隐藏 锁定图层	点成红叉子，不显示当前对象。 给图层上锁后，当前图层无法进行操作。
	图层轮廓	图层上的所有图形以线条的形式显示，当无法填充颜色的时候可以点击此工具查找空隙给予封闭。
位置(P) 很小 小 ✓ 标准 中 大 预览 关联预览 较短 ✓ 彩色显示帧	时间轴的属性	可以根据个人需求随意的调节时间轴的属性。
	空白关键帧	当打开flash的默认界面时，flash默认的就是空白关键帧，填入图形和文字后，空白关键帧则变成关键帧。快捷键为F7 技巧提示 （每当完成一个补间动画时建议插入空白关键帧当做结束）
	关键帧	可以说没有了关键帧就没有了动态效果。 添加关键帧为F6
	帧	可以用它来延长或删减动态效果的时间。 添加帧F5 删除帧Shift+F5
	当前帧	红色所在的帧，就是我们的当前帧，说明我们在这个帧上。
		连续选择间隔的帧按 Ctrl

图 2-14

浮动面板

面板的布局可以根据用户的需要进行排列组成，建立适合自己的个性工作平台。要打开某个浮动面板，可以在窗口菜单下查找。

属性窗口

舞台的属性以及各种元件、工具的属性都可以在这里进行编辑设置。

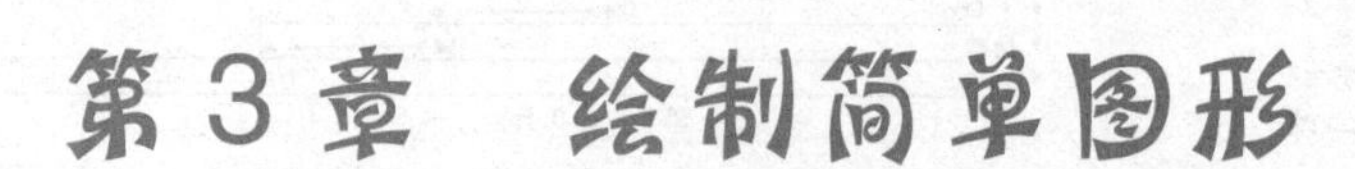

第3章 绘制简单图形

在正式制作 Flash 动画前，我们先来了解一些 Flash 中绘图工具的功能，从而掌握各工具的使用方法。为今后制作动画打下良好的基础。

项目1 绘制卡通云彩

学习目标

- 掌握椭圆工具的使用。
- 掌握图形的复制、图形的合集的方法。
- 掌握图形的边缘柔化处理。

项目赏析

绘制出的云彩

操作步骤

Step 01 新建 Flash 文件（ActionScript 3.0）或按<Ctrl+N>键创建新文档。

Step 02 在属性窗口设置：舞台大小为 300×500 像素，背景颜色为蓝色（#66CCFF），如图 3-1 所示。

图 3-1

Step 03 选中“椭圆工具（O）”并按住<Shift>键绘制一个正圆。填充色为白色，按<Del>键删除图形线条，在属性窗口设置形状大小为 60×60 像素，如图 3-2 所示。

Step 04 选中圆形并按快捷键<Ctrl+C>对其进行复制，按<Ctrl+Shift+V>键将圆原位置粘贴。按住<Shift>键将圆水平移动到第一个圆右面，第二个圆的中心点与第一个圆的右边界重叠，如图 3-3 所示。

图 3-2

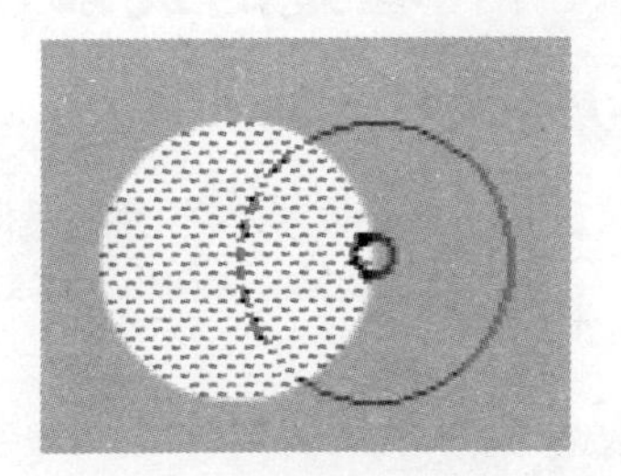

图 3-3

Step 05 按<Ctrl+Shift+V>键，继续进行粘贴。在第一、第二个圆的下焦点处放置第三个圆。如图 3-4 所示。

Step 06 第四、第五个圆分别放在第三个圆与第一个圆的左焦点和第二个圆的右焦点处。如图 3-5 所示。

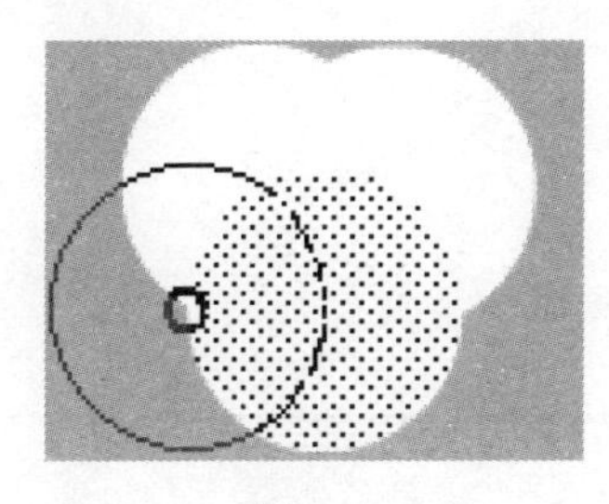

图 3-4

图 3-5

Step 07 选中绘制好的云彩，单击菜单栏中的“修改”→“形状→“柔化填充边缘”命令。在“柔化填充边缘”对话框中设置距离为 20 像素，步骤数为 4，方向为扩展，再单击“确定”按钮，如图 3-6 所示。如图 3-7 所示为最终效果。

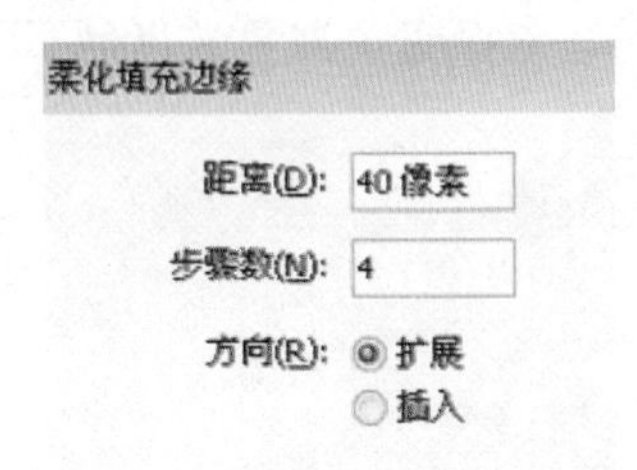

图 3-6

图 3-7

技巧速记

在 Flash 中若图形处于打散状态下，把两个相同的颜色图形放到一起会相互融合，不同颜色图形会相互遮盖删除。

善意的提示

大家可以发挥自己的想象力，利用这个方法绘制出更多，更富创意的云彩来。

项目 2　绘制卡通玻璃碗

学习目标

- 了解高光和阴影的概念。
- 掌握椭圆工具的绘图技巧。
- 掌握图形的组合命令。

项目赏析

玻璃碗效果图

操作步骤

Step 01 新建 Flash 文件（ActionScript 3.0）或按<Ctrl+N>键创建新文档。在属性窗口设置：舞台大小为 550×400 像素，背景颜色为白色，如图 3-8 所示。

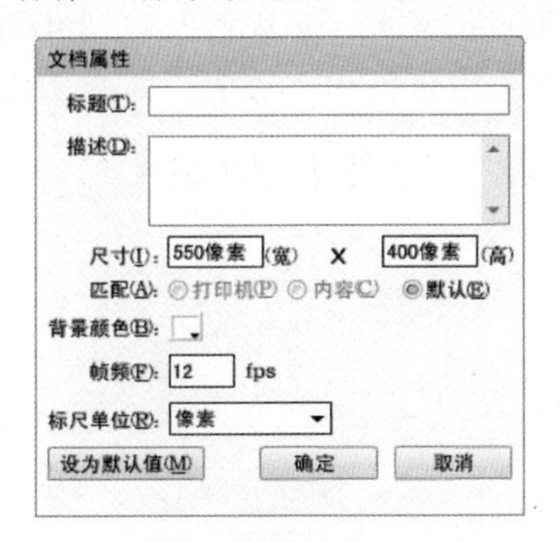

图 3-8

Step 02 使用"椭圆工具 (O)"在舞台创建一个椭圆，填充色为浅蓝，代码为"#AAD5FF"，在椭圆的三分之一处进行切割，如图 3-9 所示。

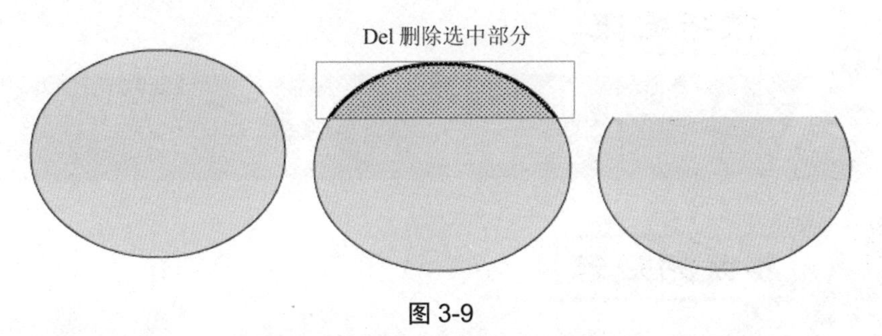

图 3-9

Step 03 以切割线为基准，绘制第二个椭圆，删除填充色只保留线条，并将其复制，粘贴后与第二个圆形成圆环。用任意变形工具给内环压扁如图 3-10 所示。

图 3-10

Step04 使用“任意变形工具 （Q）”给玻璃碗“瘦身”，并删除底部的弧形，如图 3-11 所示。

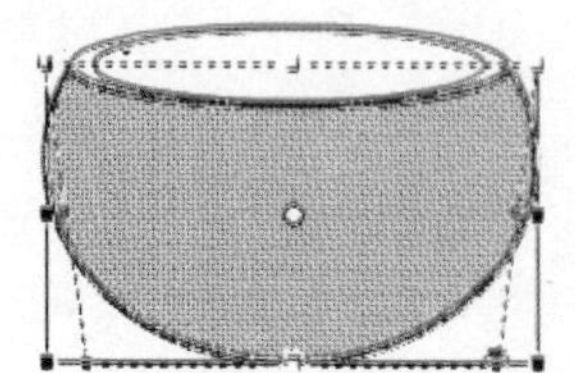  

Shift+ctrl点击锚点鼠标变为 形状　　“瘦身”成功　　碗的底部是平的

图 3-11

Step05 使用填充工具给碗上色，增加高光和阴影，并将线条改为深蓝色。

线条颜色代码为“#0093D9”，高光色代码“#D5EAFF”，碗底阴影色代码为“#8AC5FF”，反光颜色为白色 60%透明，如图 3-12 所示。

注：反光要先设置为“组合”（快捷键为<Ctrl+G>），再移动到玻璃碗上，以免出现颜色相互遮掉的麻烦。

用线条画出高光隐形的轮廓　　填充完毕后删除彩色线条　　将线全选变为蓝色

图 3-12　增加高光完成玻璃碗

技巧速记

颜色代码可以准确地填充想要得到的颜色，用“填充颜色”的吸管工具也可以吸附想要得到的理想颜色。

善意的提示

合理地运用“组合”功能可以有效避免在打散状态下图形相互吸附而产生重贴和覆盖。

提高项目　绘制两种不同的足球

开动脑筋想一想，两种足球是如何绘制的。

佳作推荐

下面给大家推荐一些鼠标绘制的作品。只要经常练习，不断努力，即使不会画画的你也可以画出以下这些作品来的。

房子

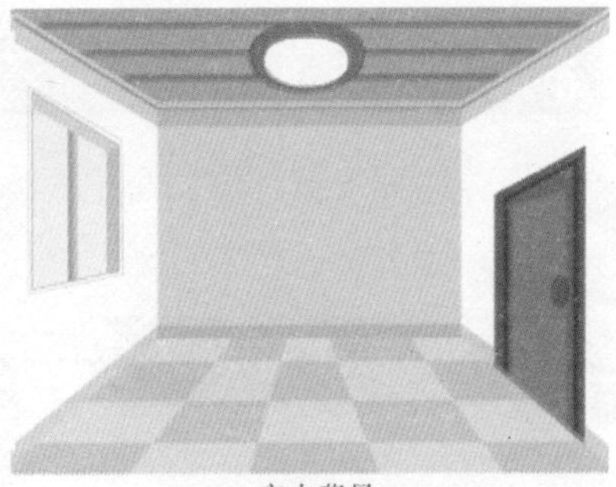
室内背景

锅

用基本图形绘制
用选择工具拖拽
出来的"小凸凹"的造型

虽然构图有些复杂
但也是完全用鼠标
绘制的风景图

第 4 章 逐帧动画

逐帧动画是 Flash 中三种动画形式的一种，它可以说是最简单的动画表现手法，也可以说是难度最高，最为复杂的动画表现手法。

说它简单，是因为逐帧动画是由多个关键帧连续组成的，只需掌握这一点就可以让画面动起来，类似于传统动画的做法。

如果想让逐帧动画做得完美，就需要具备良好的运动规律知识和深厚的绘画基础。这样一来也就自然而然的成为了一名优秀的动画制作者。

学习 Flash 动画从逐帧动画开始，但成为优秀的动画师后，仍需挑战逐帧动画这道难关。

项目 3 制作硬币旋转

学习目标

- 掌握任意变形工具的使用。
- 掌握插入关键帧，复制、粘贴帧、翻转帧。

项目赏析

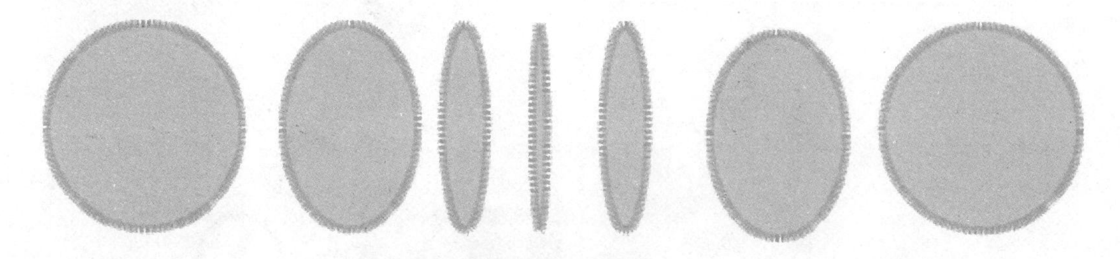

第 1 帧到第 7 帧旋转展开图

操作步骤

Step 01 新建 Flash 文件（ActionScript 3.0）或按<Ctrl+N>键创建新文档。在属性窗口设置：舞台大小为 550×400 像素，帧频率为 24 帧/s，背景颜色为白色。

Step 02 选中“椭圆工具(O)”并按住<Shift>键绘制一个正圆。线条颜色为“#FC9E2F”，内填充为“#FECE43”，在“属性”窗口中设置“笔触样式”为斑马线，如图4-1所示。

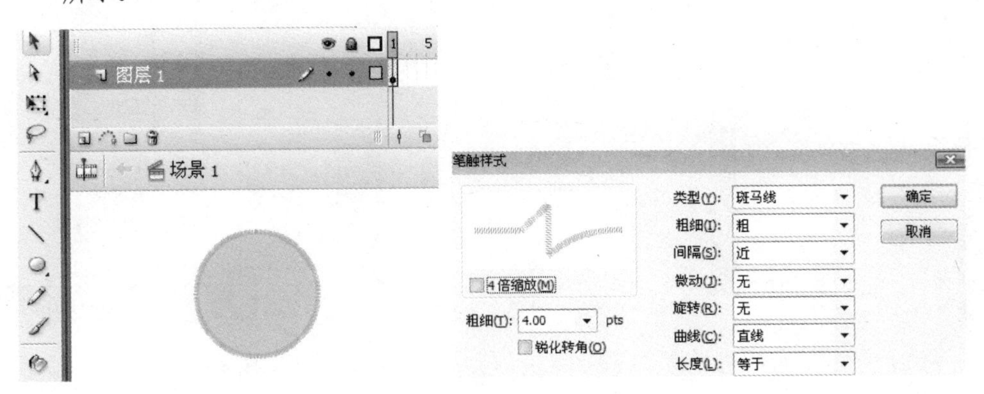

图 4-1

Step 03 我们在时间轴第2帧处，按<F6>键插入一个关键帧。选中图形，用“任意变形工具(Q)”将圆形进行调整，如图4-2所示。

Step 04 依此类推在第3、第4帧分别插入关键帧，用“任意变形工具(Q)”将圆形进行调整，如图4-3、图4-4所示。

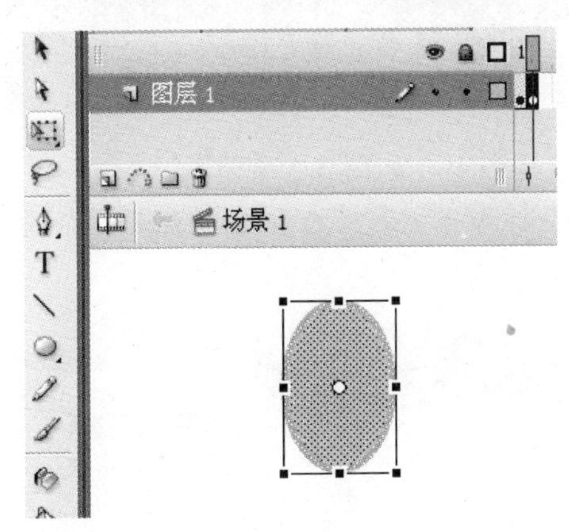

图 4-2

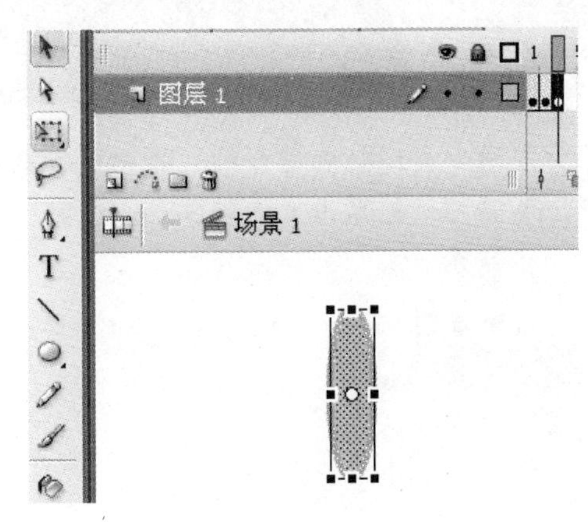

图 4-3

在使用任意变形工具调整时，我们要同时按住<Alt>键，由两端向中心点变形。

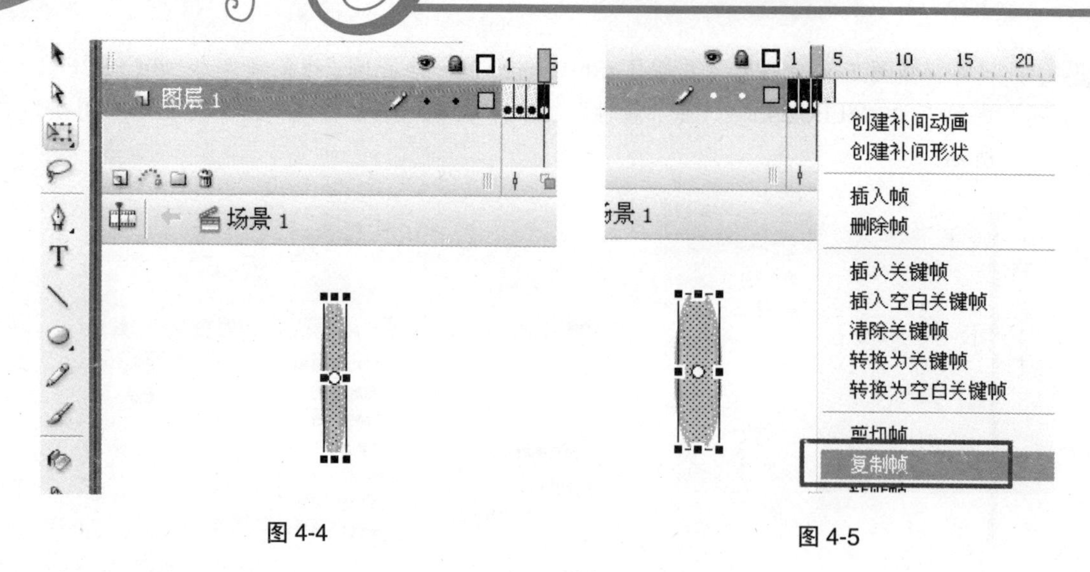

图 4-4　　　　图 4-5

Step 05 将时间轴的前 3 帧全部选中，右击鼠标选择复制帧，如图 4-5 所示。

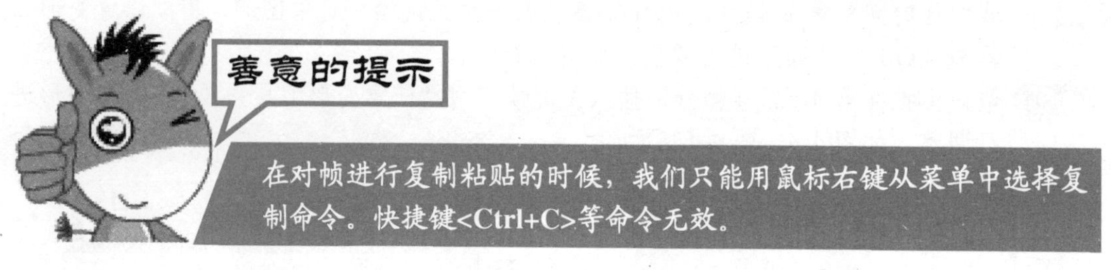

善意的提示

在对帧进行复制粘贴的时候，我们只能用鼠标右键从菜单中选择复制命令。快捷键<Ctrl+C>等命令无效。

Step 06 选中时间轴的第 5 帧，右击鼠标选择粘贴帧命令，如图 4-6 所示。

Step 07 选择被粘贴出来的第 5、6、7 帧，右击鼠标选择翻转帧将后 3 帧翻转，如图 4-7 所示。

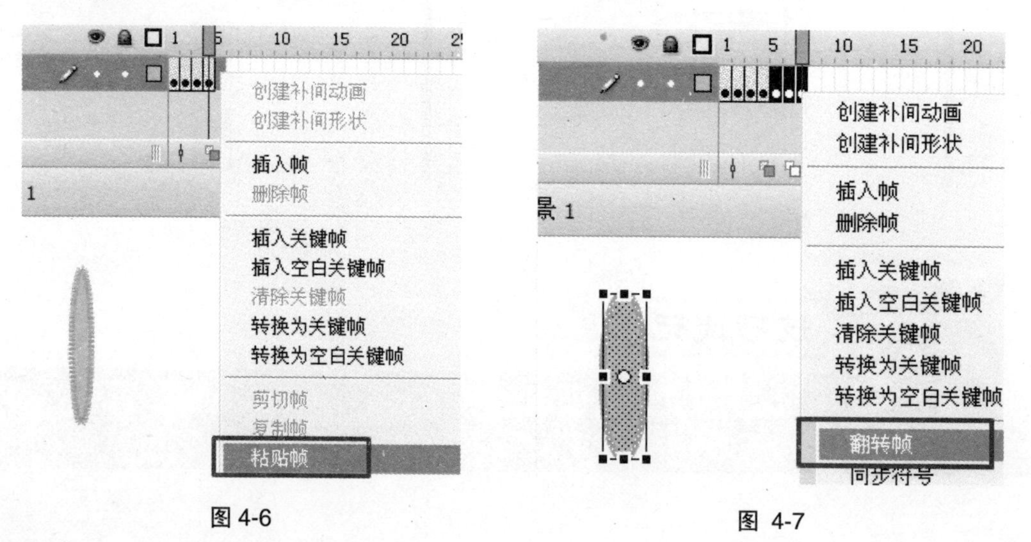

图 4-6　　　　图 4-7

Step 08 按<Ctrl+Enter>键测试影片效果，动画完成。

善意的提示

我们还可以插入更多的帧，让图形的变化更细致，帧数越多，动画效果就越细致。

项目 4　一步走的逐帧动画

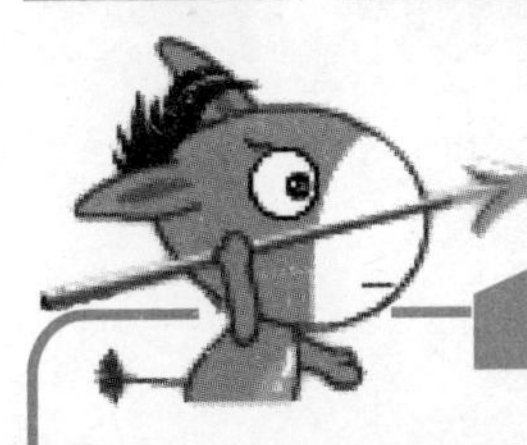

学习目标

- 掌握侧面走路的运动规律。
- 掌握辅助线的使用。

项目赏析

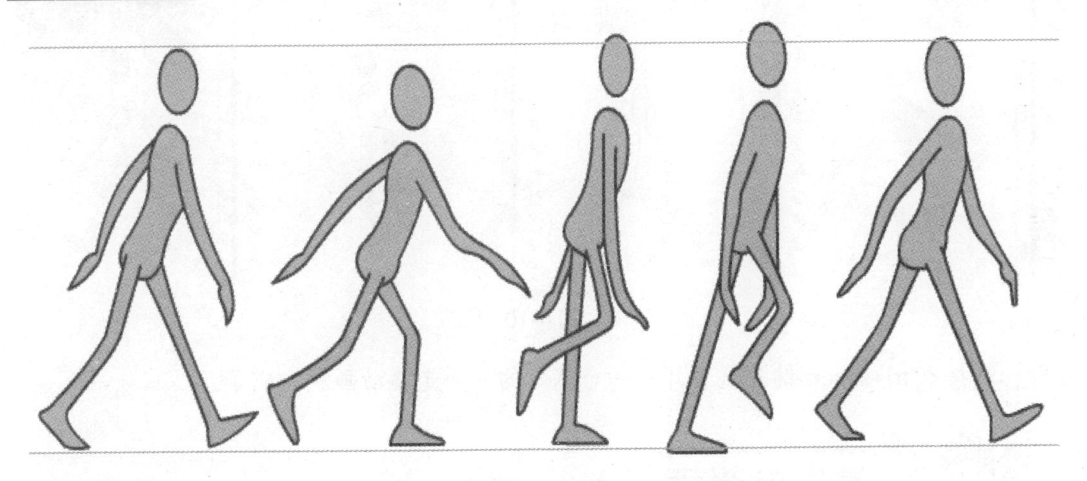

侧面走路截图

操作步骤

Step 01 新建 Flash 文件（ActionScript 3.0）或按<Ctrl+N>键创建新文档。在属性窗口设置：舞台大小为 550×400 像素，帧频率为 12 帧/s，背景颜色为白色。

Step 02 按快捷键<Ctrl+Shift+Alt+R>调出标尺，并从标尺中拖拽出绿色辅助线来帮助我们固定走路动作的水平方位，如图 4-8 所示。

Step 03 绘制一个左脚在前，右脚在后的走路动作，绘制完毕后，在人物头顶上方再次拖一条辅助线如图 4-9 所示。

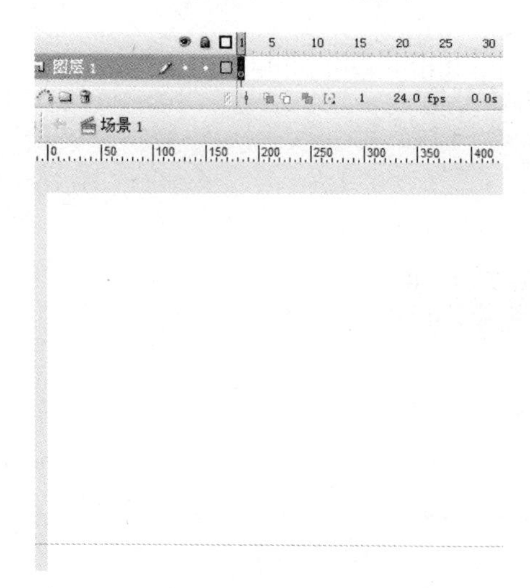

图 4-8

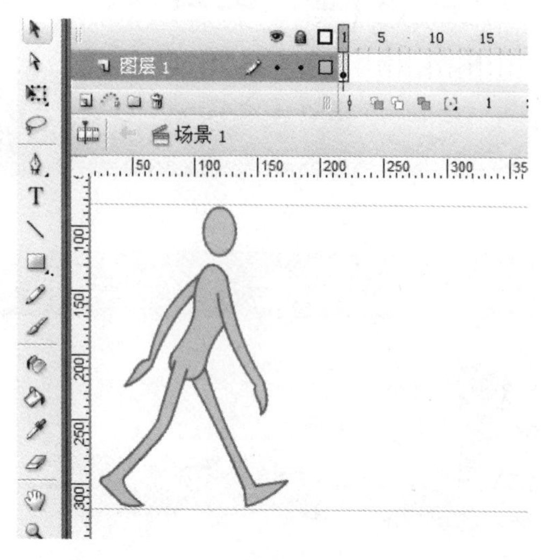

图 4-9

Step 04 在时间轴第 2 帧处，按<F6>键插入一个关键帧，继续绘制第 2 个走路动作，依此类推绘制 5 帧，如图 4-10 所示。

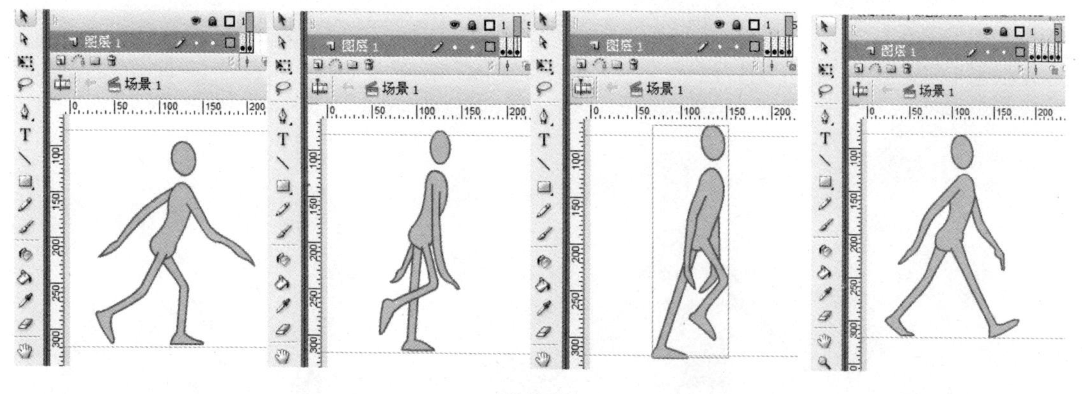

图 4-10

Step 05 按<Ctrl+Enter>键测试影片，一个基本的一步走路动画就完成了。

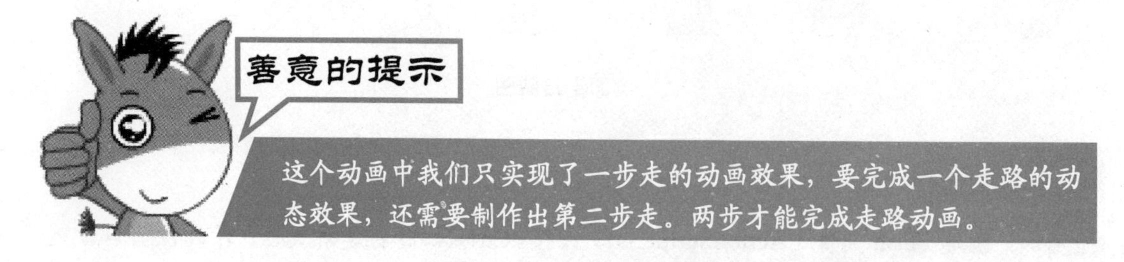

善意的提示
这个动画中我们只实现了一步走的动画效果，要完成一个走路的动态效果，还需要制作出第二步走。两步才能完成走路动画。

提高项目　侧面走路动画

想一想“凸凸驴”是如何走起来的。

佳作推荐

在逐帧动画中自然状态是比较复杂的。下面就给大家推荐一些用逐帧动画制作出来的自然效果。

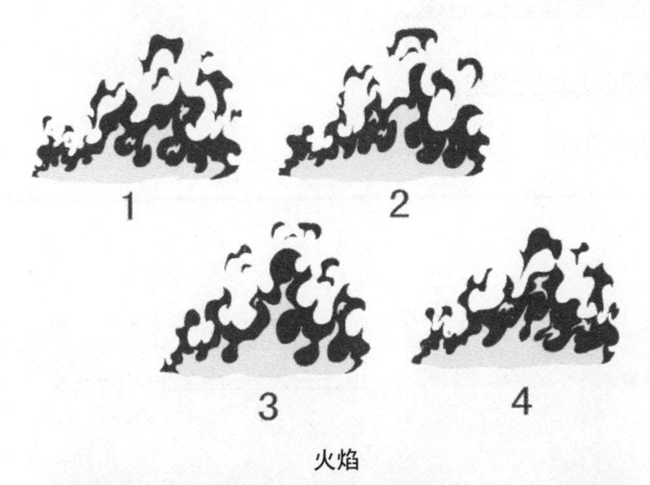

火焰

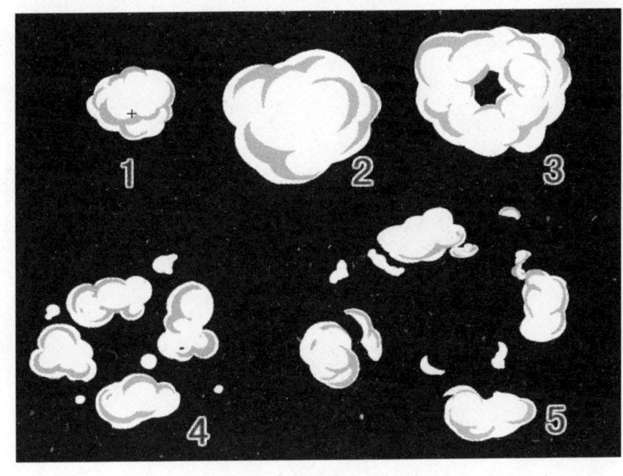

烟雾

第 5 章　创建补间形状动画

创建补间形状动画是 Flash 中三种动画形式的一种，它的特点是将 2 个关键帧中被打散的图形或者对象绘制的内容，用一条绿色区域连接起来。创建补间形状虽然在 Flash 中所占比例较小，但可以完成一些不错的特殊效果。这一章我们就来学习创建补间形状动画。

项目 5　图形的各种变化

学习目标

- 掌握各种绘图工具的使用。
- 掌握创建补间形状。

项目赏析

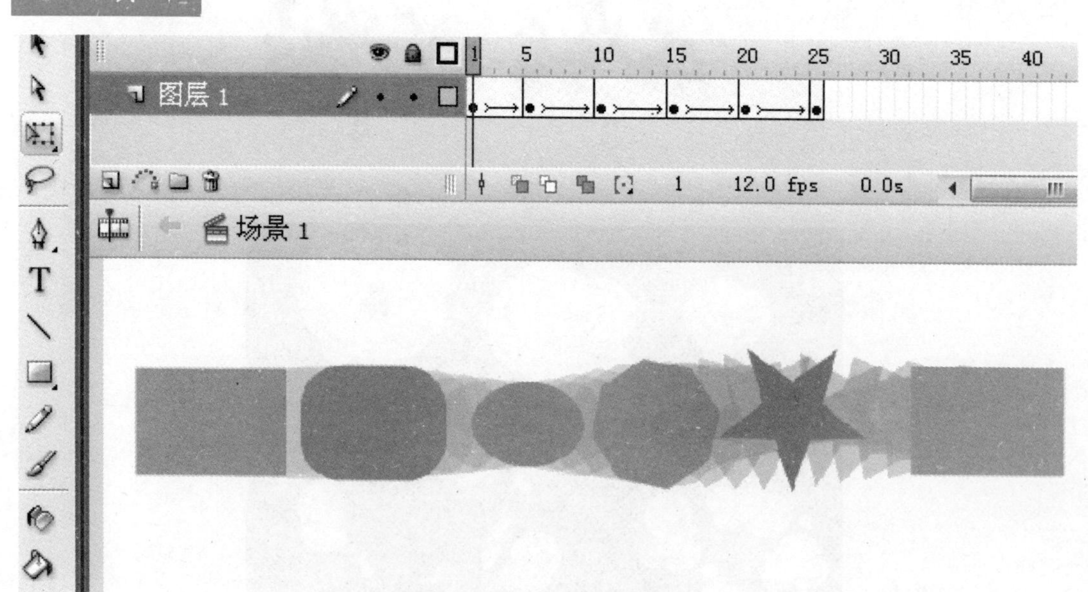

此图为动画中洋葱皮效果截图

Step 01 选中“矩形工具 (R)”绘制一个矩形。填充色为橘黄色“#FC9D2E”，选中线条按<Del>键删除线条。按快捷键<Ctr+K>调出“对齐”窗口。选中矩形，让其对齐到舞台中心，如图 5-1 所示。

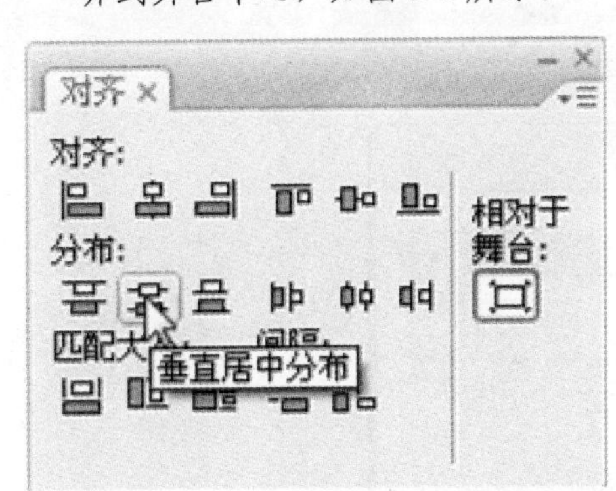

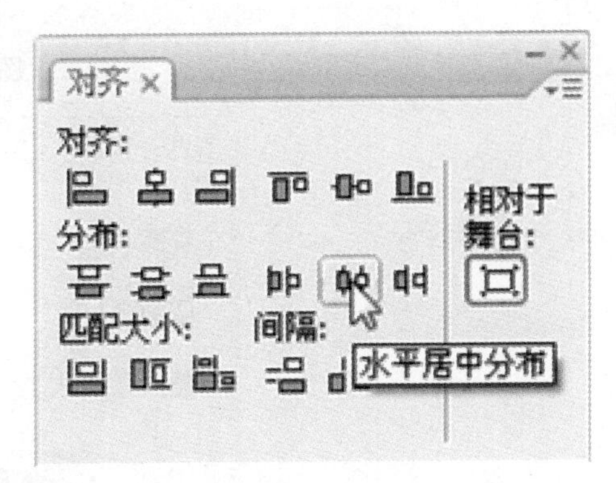

图 5-1

分别点击“垂直居中分布”和“水平居中分布”选项，顺序不分先后。

Step 02 在时间轴第 5 帧处，按<F7>键插入一个空白关键帧。在第 5 帧上选中“基本矩形 (R)”绘制一个圆角矩形，在“属性”窗口设置“矩形边角半径为 50”，线条为无，颜色为绿色“#2DB529”并让其对齐到舞台中心，如图 5-2 所示。

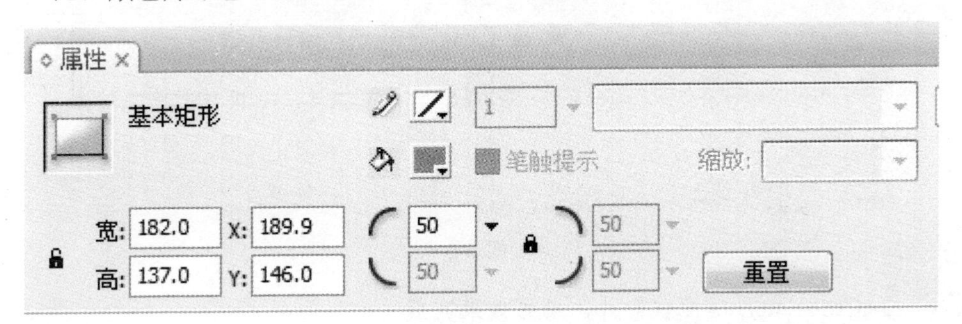

图 5-2

Step 03 在时间轴第 10 帧处，按<F7>键插入一个空白关键帧。在第 10 帧上选中“椭圆工具 (O)”绘制一个椭圆，填充色为粉红色“#FE8687”，线条为无。对齐到舞台中心。

Step 04 在时间轴第 15 帧处，按<F7>键插入一个空白关键帧。在第 15 帧上选中“多边形工具 (D)”绘制一个八边形，在“属性”窗口调出“工具设置”调节边数。填充色为蓝色“#61B4E7”，线条为无。对齐到舞台中心，如图 5-3 所示。

Step 05 在时间轴第 20 帧处，按<F7>键插入一个空白关键帧。在第 20 帧上选中“多角星形工具”绘制一个五角星，在“属性”窗口调出“工具设置”更改样式。填充色为“#D362BE”，线条为无。对齐到舞台中心，如图 5–4 所示。

属性
形状
宽: 155.6 X: 197.2
高: 155.6 Y: 120.2
工具设置
先点击选择按钮
弹出工具设置
样式: 多边形
边数: 8
星形顶点大小: 0.50
确定
取消
尖角: 3
选项...

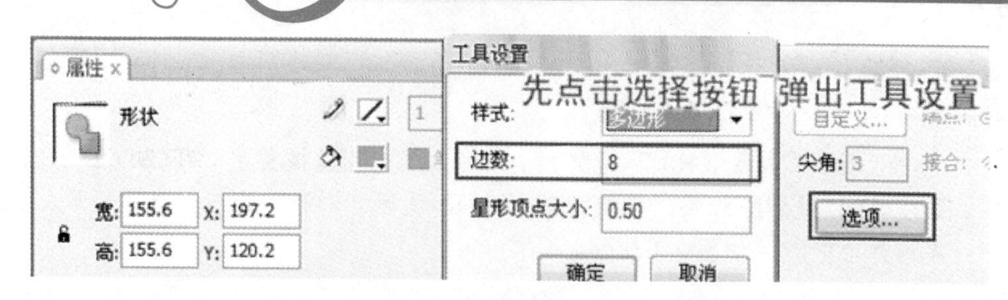

图 5-3

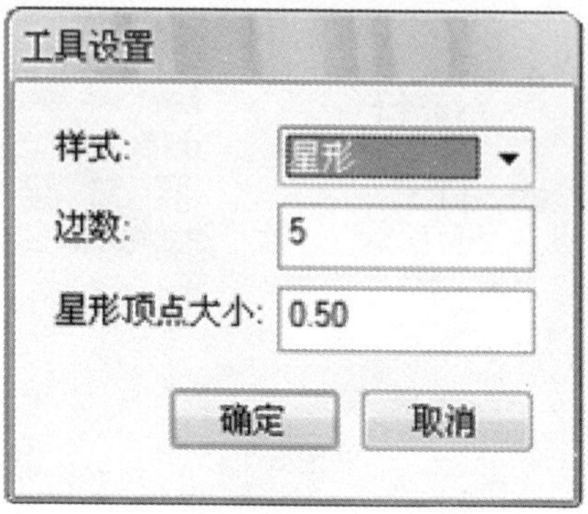

工具设置
样式: 星形
边数: 5
星形顶点大小: 0.50
确定
取消

图 5-4

Step06 复制时间轴的第 1 帧，在第 25 帧处，右击鼠标粘贴帧。

Step07 鼠标右击时间轴，点击“选择所有帧”命令，创建补间形状，如图 5-5 所示。

1 5 10 15 20 25
图层 1
25 12.0 fps
场景 1

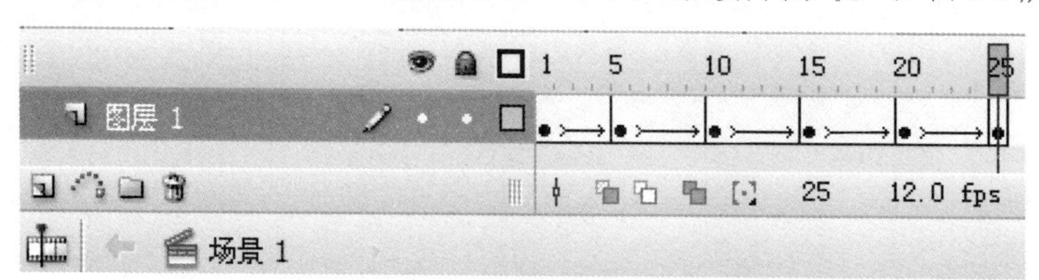

图 5-5

Step08 按<Ctrl+Enter>键测试影片，动画效果完成。

五个关键帧上的图形截图如图 5-6 所示。

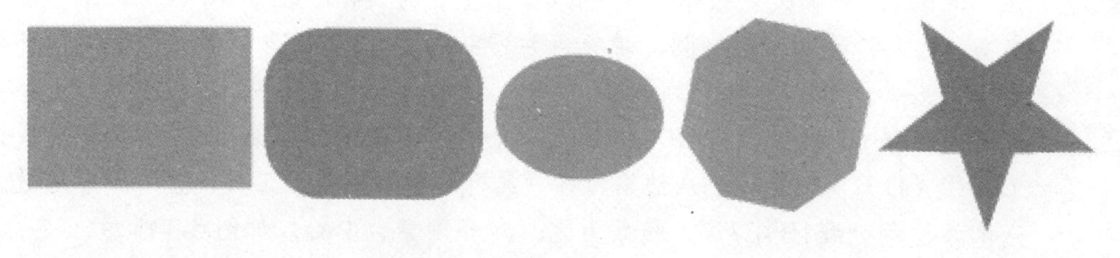

图 5-6

项目 6　按钮的过光

学习目标

- 掌握用图层，分层来绘制图案。
- 掌握按钮间的转换。

项目赏析

按钮过光动画过程截图

操作步骤

Step 01 首先用“椭圆工具”（快捷键为<O>）并按住<Shift>键绘制圆形。填充色为粉色“#F5A3C5”，线条为深红色“#890137”，对其复制并粘贴到当前位置，用任意变形工具将其以中心点等比例缩小。如图步骤进行制作，如图 5-7 所示。

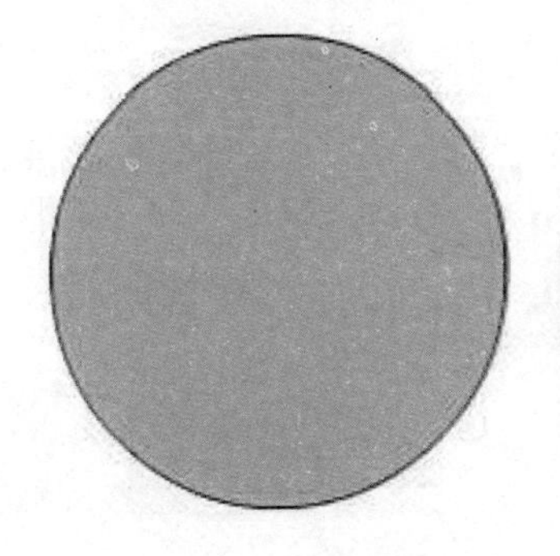
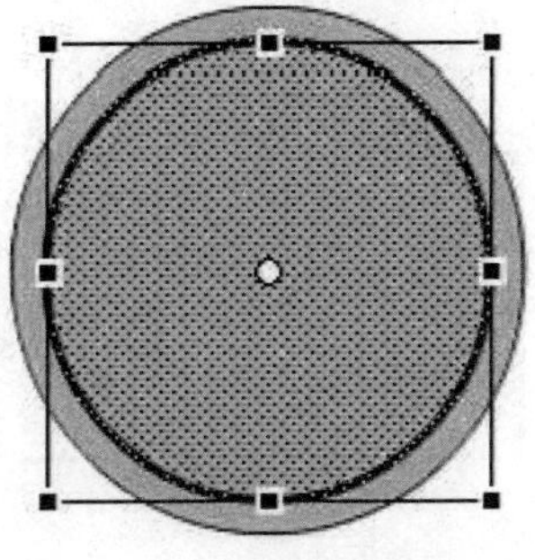

缩放时按住<Shift+Alt>　　删除外边线

图 5-7

Step02 在时间轴插入一个新的图层，将内环剪切至图层 2，按<Shift+Ctrl+V>键粘贴到当前位置并按鼠标左键将“图层 2”拖拽到“图层 1”下方，如图 5-8 所示。

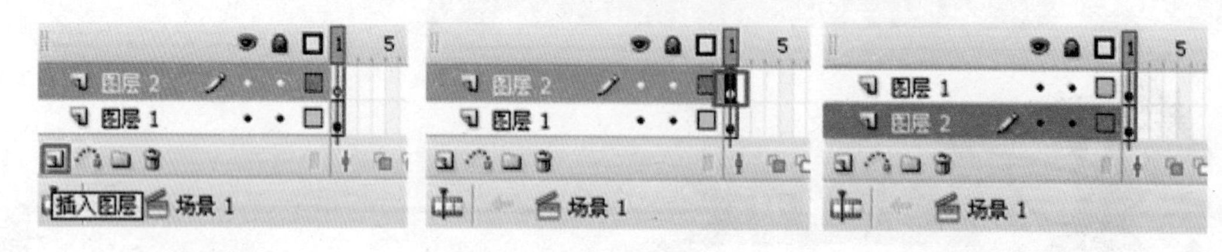

创建新的图层　　　　内圆粘贴到图层 2　　　　拖拽到图层 1 下方

图 5-8

Step03 在图层 2 的上方继续创建图层，在图层 3 中导入图片到舞台。“文件”→“导入”→“导入到舞台”。调整图片位置，如图 5-9 所示。

Step04 选中图形线条，在属性面板将线条笔触设置为 2。颜色为深红色。颜色代码为“#660000”，如图 5-10 所示。最终效果如图 5-11 所示。

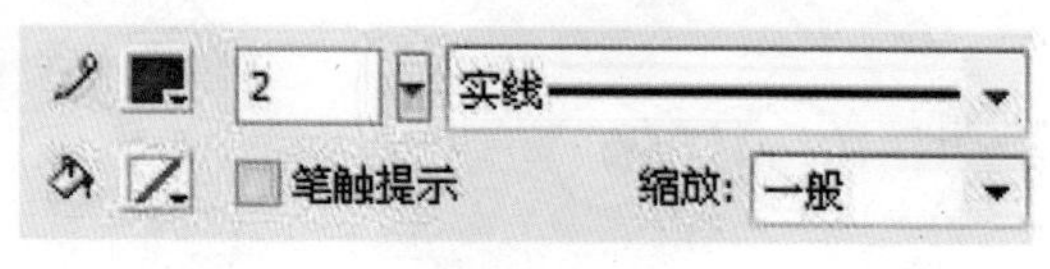

图 5-10

图 5-9

图 5-11

Step05 在时间轴上添加帧，让时间轴增长为 12 帧。并在“图层 1”上新建“图层 4”如图 5-12 所示。

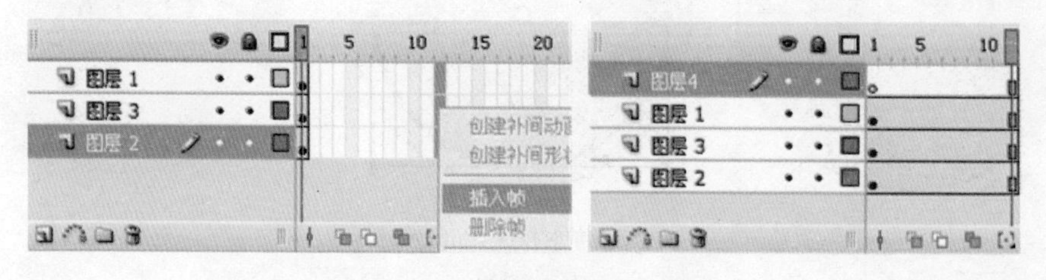

图 5-12

技巧速记

使用快捷键< F5>键可以快速地插入帧。按< Shift+F5>键可以删除帧。

Step 06 将“图层 2”中的圆复制、粘贴到当前位置的“图层 4”，颜色改为白色，40%透明。用“直线工具”绘制分割线，将其变形，如图 5-13 所示。

改为白色　　设为 40%透明　　画切割线，让圆分离

图 5-13

Step 07 在“图层 4”的第 6 帧、8 帧、12 帧，分别插入关键帧（按快捷键<F6>），第 7 帧插入空白关键帧(按快捷键<F7>)，如图 5-14 所示。

图 5-14

Step 08 在“图层 4”中的第 1 帧、第 6 帧、8 帧、12 帧，分别删除分割线所隔开的形状和线条，如图 5-15 所示。

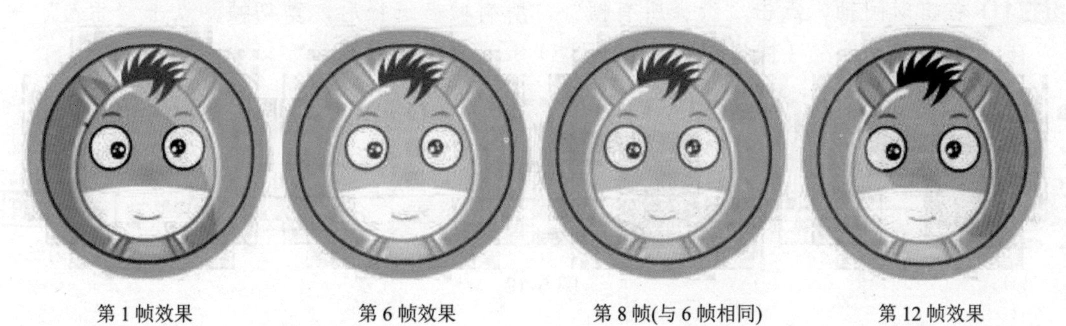

第 1 帧效果　　第 6 帧效果　　第 8 帧(与 6 帧相同)　　第 12 帧效果

图 5-15

Step 09 将“图层 2”的图形复制、粘贴到当前位置的“图层 4”中的第 7 帧，改为白色，点击菜单栏中的“修改”→“形状”→“柔化填充边缘”命令设置数值。如图 5-16

所示。并将第 6 帧与第 8 帧的图形 Alpha 值提高至 70%，第 12 帧下降到 20%，如图 5-17 所示。

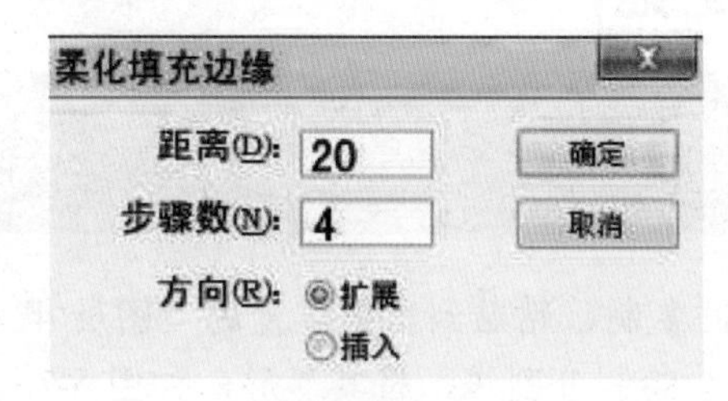

图 5-16

第 7 帧效果　　第 6、8 帧效果　　第 12 帧效果

图 5-17

Step 10 在“图层 4”中右击“创建补间形状”动画，如图 5-18 所示。

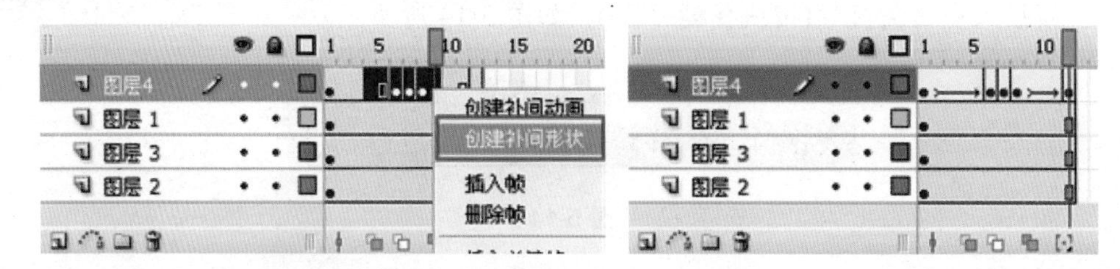

图 5-18

Step 11 右击时间轴，点击“选择所有帧”，所有帧被选择后，剪切帧。点击“插入”→“新建元件”（快捷键为<Ctrl+F8>）。选择“影片剪辑”，如图 5-19 所示。

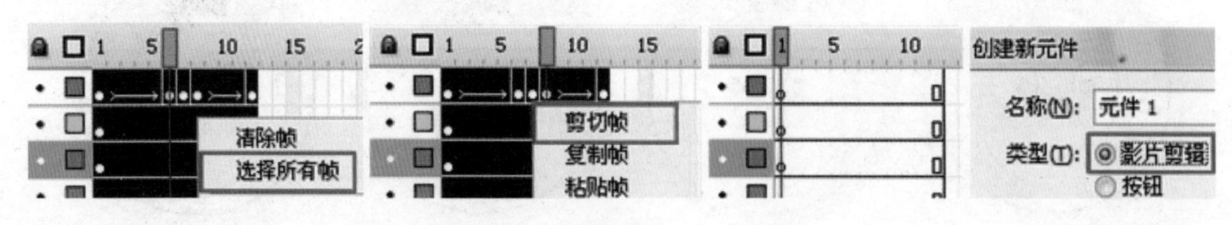

图 5-19

Step 12 在“影片剪辑”元件 1 的时间轴中，粘贴帧。点击场景 1 返回舞台。继续创建新元件，选择“按钮”确定。按快捷键<Ctrl+L>调出“库”面板，如图 5-20 所示。

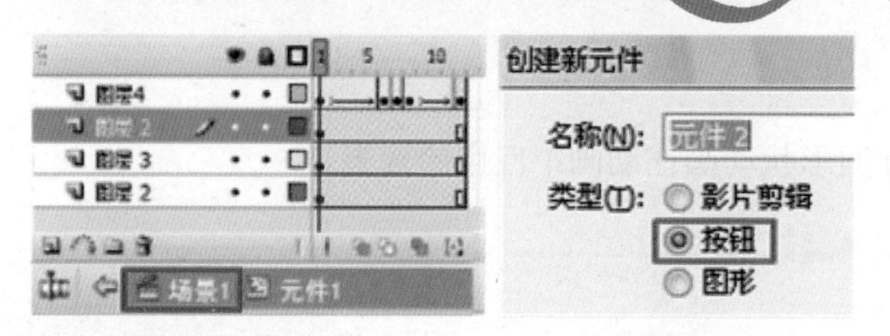

点击返回舞台　　　　创建按钮

图 5-20

Step 13 “按钮”元件 2 中有 4 帧，将库中的“元件 1”拖到“弹起帧”，在“指针经过”插入关键帧。选择“弹起帧”中的“元件 1”在属性面板中，在“实例行为”选项中，改为“图形”、“单帧”，如图 5-21 所示。

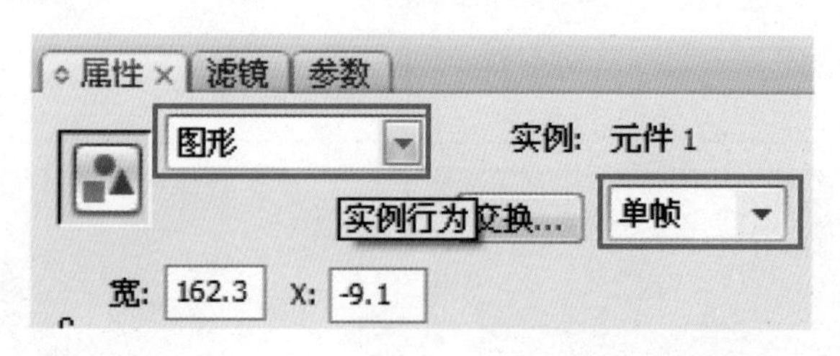

图 5-21

Step 14 点击“场景 1”，回到舞台，删除时间轴中的多余图层，保留“图层 1”，从库中选中“元件 2”拖到舞台，按<Enter+Ctrl>键测试影片。当鼠标指向图形按钮时，显示过光效果。动画完成。

Step 15 测试、保存文件。

善意的提示

按钮过光在 Flash 中较为常用，可用于动画开始前的预备播放，和 Flash 课件的跳转功能。

提高项目　制作翻书效果

想一想如何让书翻动起来。

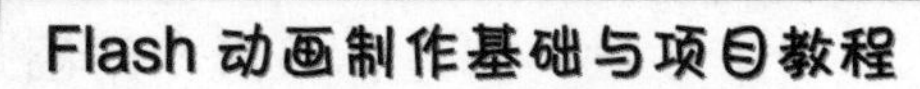

佳作推荐

下面来推荐一些补间形状动画在动画中应用的效果。

雾气驱散的效果

镜头衔接的切换

第 6 章　创建补间动画

创建补间动画是 Flash 中三种动画形式中的一种。它的特点是将两个关键帧中的“图形元件”、“影片剪辑”或“按钮元件”用一条蓝色区域连接起来。创建补间动画在 Flash 中应用广泛，功能强大，是 Flash 软件制作动画中的重要形式之一。本章就来学习创建补间动画。

项目 7　树的生长

学习目标

- 掌握如何绘制大树。
- 掌握创建补间动画。

项目赏析

此图为动画中洋葱皮效果截图

操作步骤

Step 01 用“钢笔工具”（P）或“直线工具”（N）绘制树干的轮廓，并进一步修饰。绘制出树干效果，如图 6-1 所示。

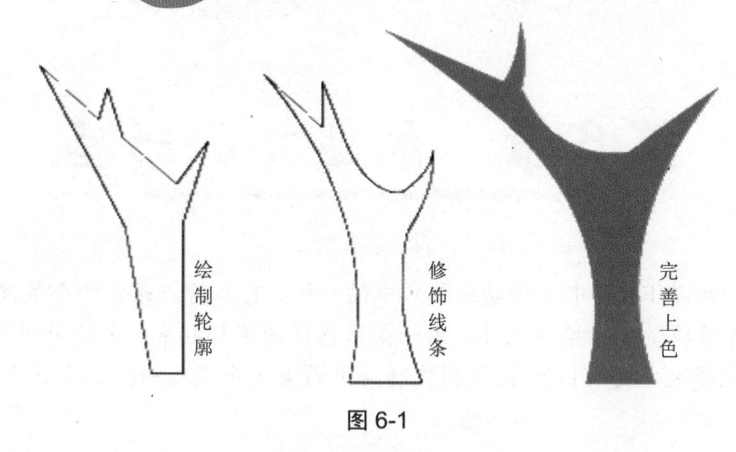

图 6-1

Step 02 用“椭圆工具”（O）与“平滑工具”进行树叶的绘制。点击“选择工具”后在工具栏下方的选择区出现“平滑工具”，如图 6-2 所示。

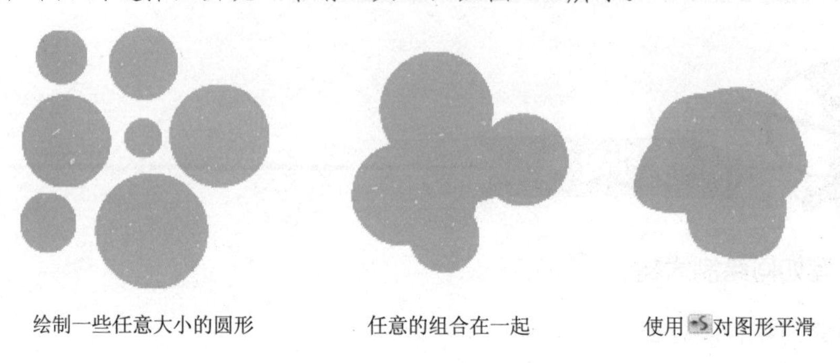

绘制一些任意大小的圆形　　任意的组合在一起　　使用 对图形平滑

图 6-2

任意组合的圆配凑在一起，使用“平滑工具”可以绘制出各式各样的树叶形状。

Step 03 下面绘制树在生长过程中的 3 个形态，如图 6-3 所示。

不同生长时期的树叶，树干都发生了变化

图 6-3

Step 04 树木从树苗生长成为大树，我们用 5 个“关键帧”中的关键图形来形成动画效果。在时间轴插入 5 个关键帧，每个关键帧中放入相应的生长时期的效果，如图 6-4 所示。

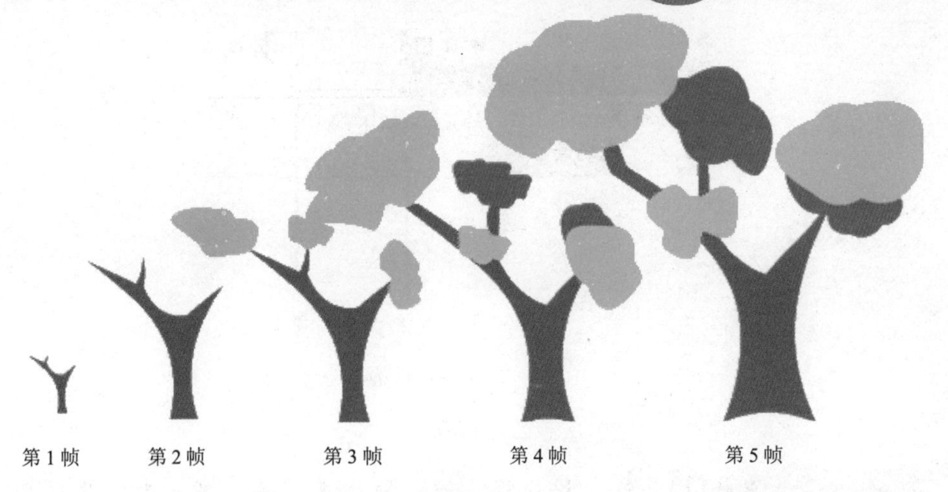

图 6-4

Step05 将每帧的图形分别转换成“图形”元件（F8）后，再拖动到单独图层中，并将它们与树干的中心对齐，如图 6-5 所示。

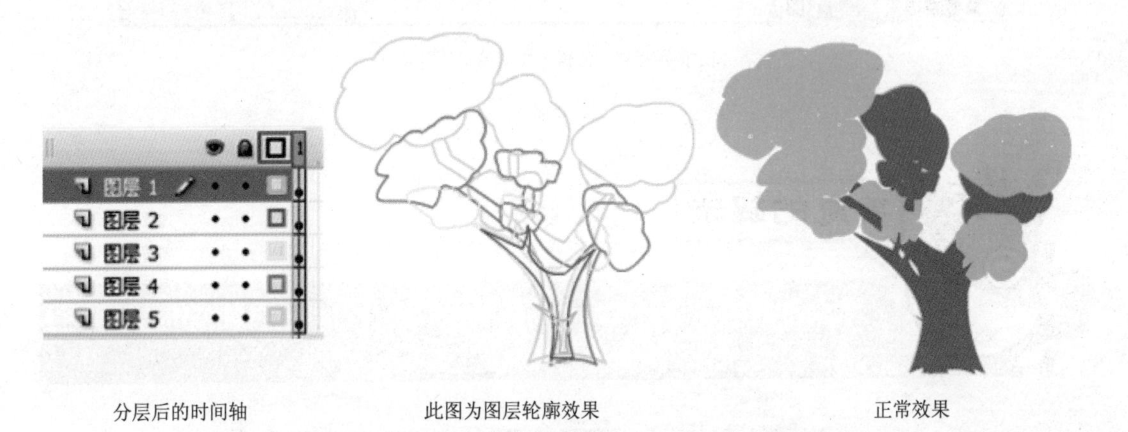

图 6-5

Step06 在每层第 10 帧处创建关键帧。全选帧，创建补间动画。并将图层 2 向后拖动 9 帧，图层 3 向后拖动 18 帧，以此类推，如图 6-6 所示。

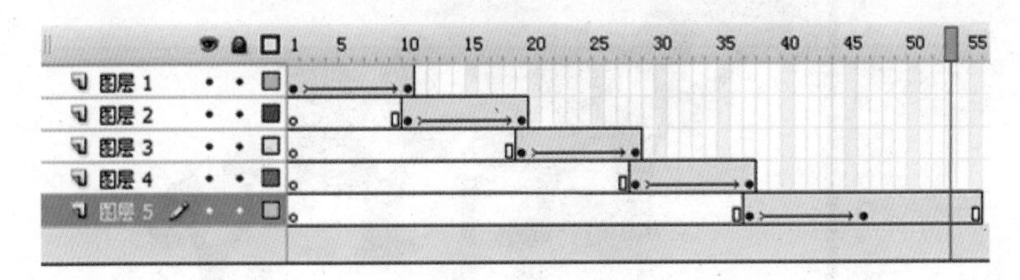

最后延长 10 帧增加动画效果

图 6-6

Step07 将每个图层第 1 帧的“图形”元件透明值设置为 30%,当图形相互重叠时使用“锁定/解除锁定图层”，如图 6-7 所示。按<Ctrl+Enter>键测试动画效果，如图 6-8 所示。

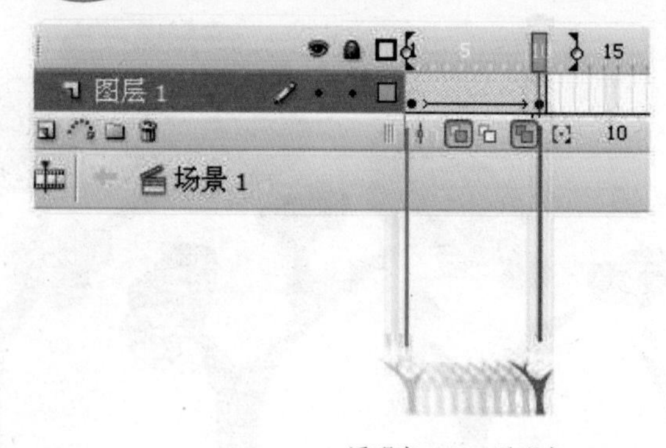

透明度 30%　透明度 100%

图 6-7

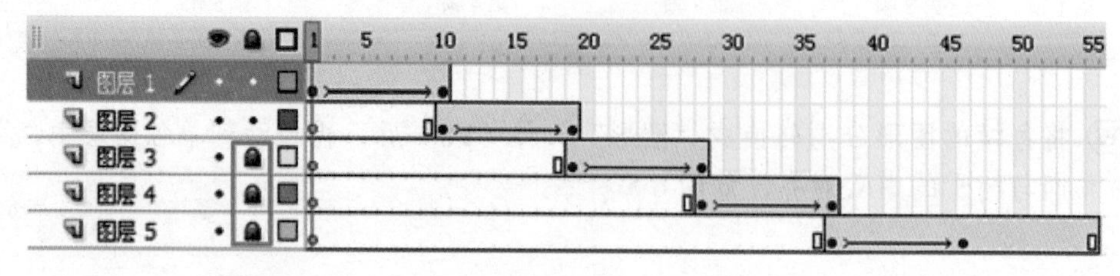

锁定的图层将无法修改当前图层的对象

图 6-8

我们可将动画剪切帧后放置在一个新元件内，再将新元件放置到舞台上形成一个万木复苏的特效。

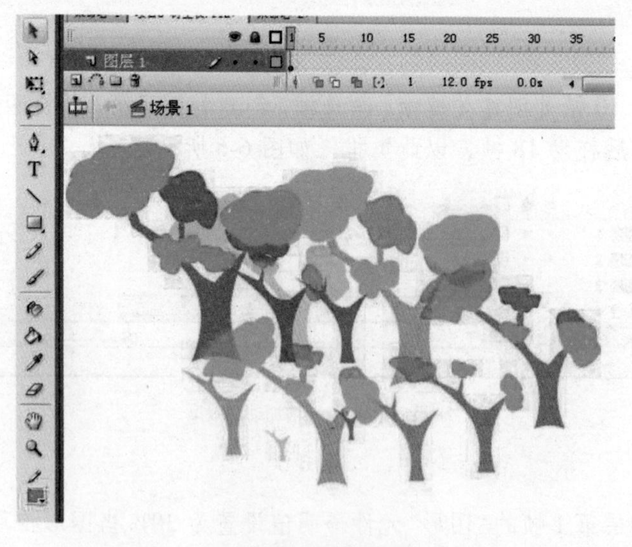

万木复苏的效果图

项目 8 Q 版汽车运动

学习目标

- 掌握绘制卡通汽车的技法。
- 掌握多层元件嵌套的用法。

项目赏析

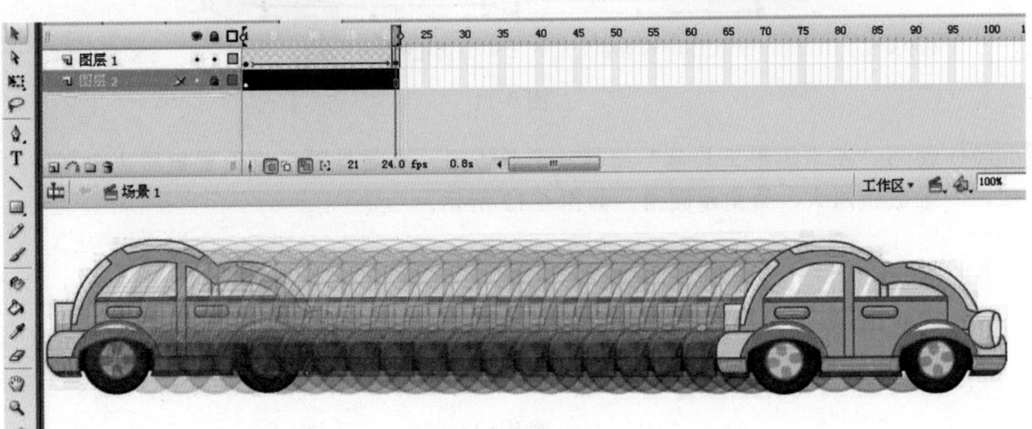

动画洋葱皮截图

操作步骤

Step 01 使用“椭圆工具”并按<Shift>键绘制两个圆，重叠到适当位置，绘制出汽车轮廓，如图 6-9 所示。

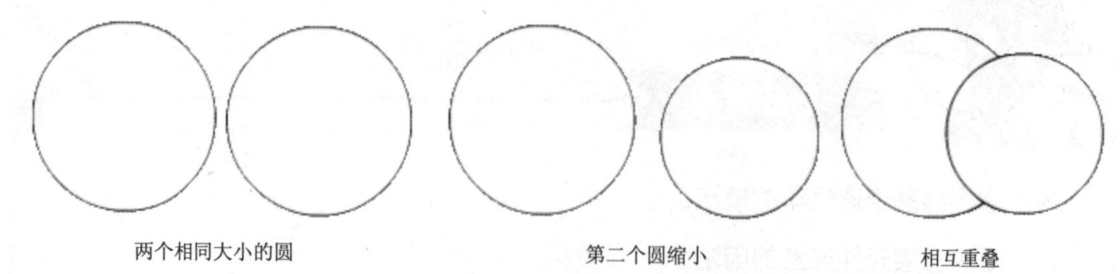

图 6-9

Step 02 使用“直线工具”将图形进行切割。删除不需要的部分。如图 6-10 所示。

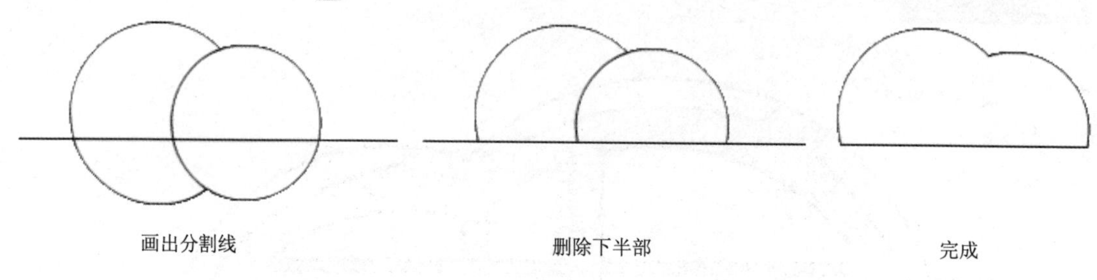

图 6-10

Step 03 选择图形的线条，按<Ctrl+C>键复制，按<Shift Ctrl+V>键粘贴到当前位置，向下移动一些，使用“任意变形工具”对图形进行同比例缩放，如图 6-11 所示。

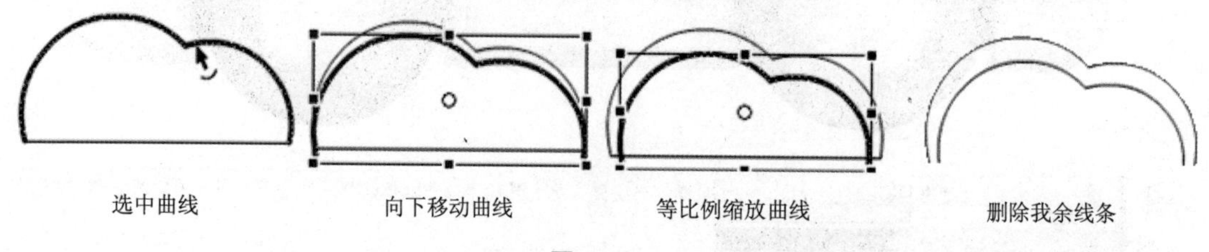

图 6-11

Step 04 使用“基本矩形工具”绘制一个长方形。在属性面板里设置矩形边角半径。半径数值越大，边角越圆滑，如图 6-12 所示。

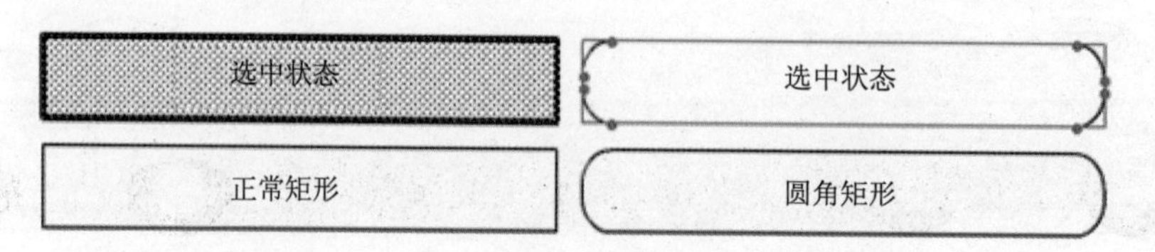

图 6-12

Step 05 将绘制好的圆角矩形用“选择工具”拖动到合适的位置，如图 6-13 所示。

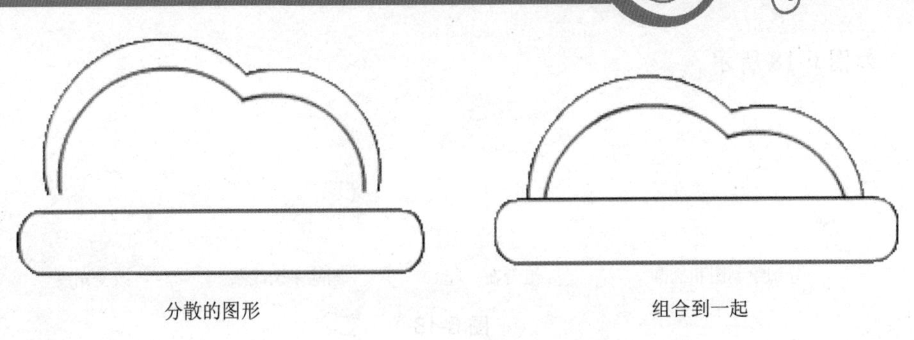

图 6-13

Step06 选择圆角矩形按<Ctrl+B>键将其打散。在图形中绘制 2 个圆形（绘制圆形时要删除图形的填充色）如图 6-14 所示，将圆移动到指定位置，如图 6-15 所示。

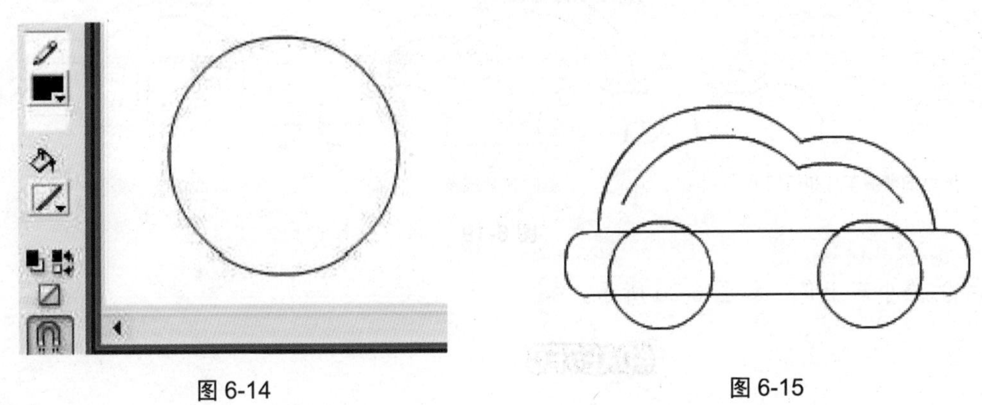

图 6-14　　图 6-15

Step07 用<Del>键删除多余的线条。再用“直线工具”绘制一些线条，增加汽车结构效果，如图 6-16 所示。

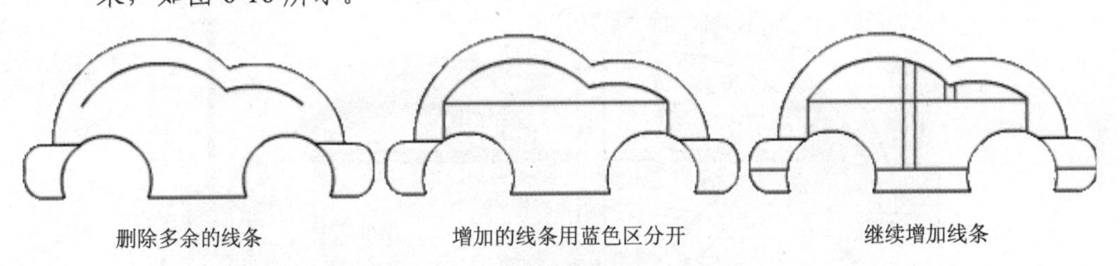

图 6-16

Step08 用<Del>键继续删除多余的线条，绘制新的线条增加门窗效果，如图 6-17 所示。

图 6-17

Step09 使用“椭圆工具”并按住<Shift>键绘制前车灯。（同项目 2 玻璃碗绘制的效果）

如图 6-18 所示。

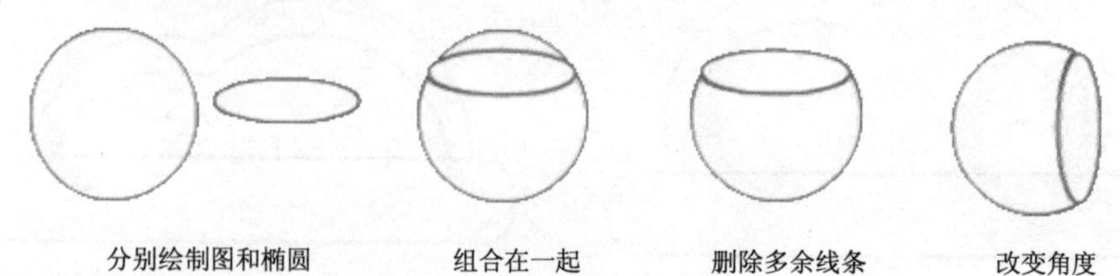

图 6-18

Step 10 将前车灯安置在汽车前方，在汽车尾部，绘制出后车灯、车门，绘制门把手。全选线条统一颜色。线条色为深红色“#990000”，如图 6-19 所示。

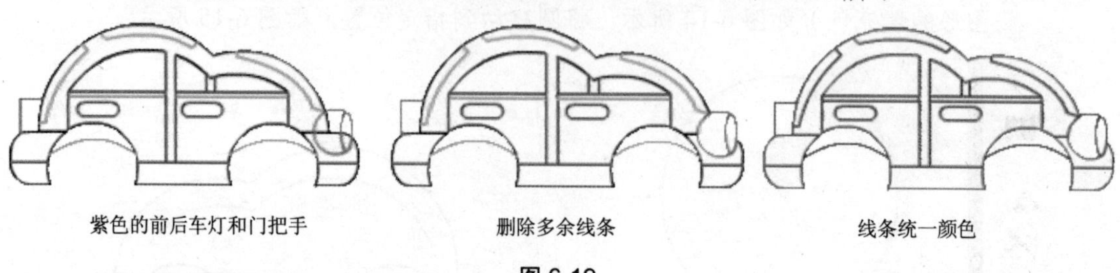

图 6-19

Step 11 给小车上色，如图 6-20 所示。

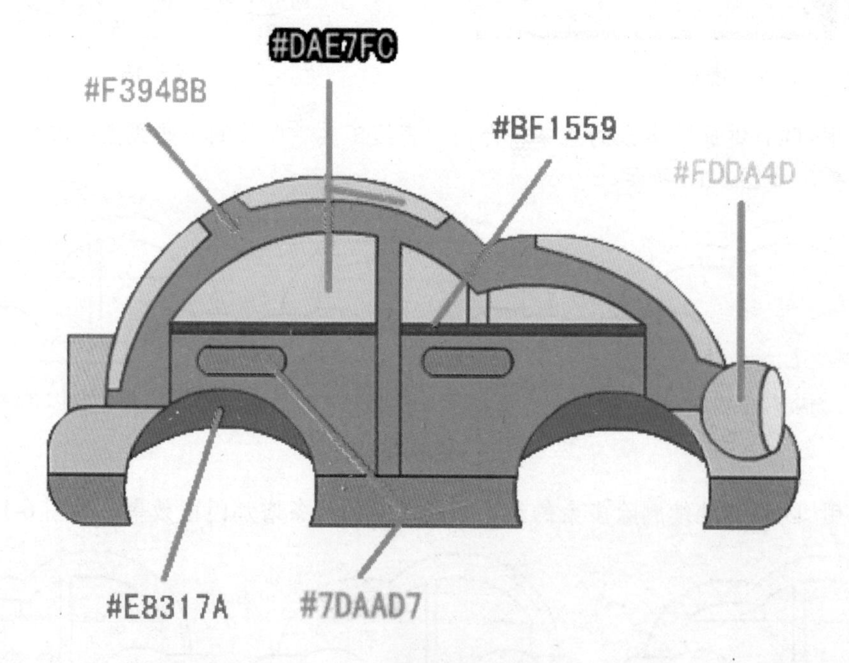

图 6-20

Step 12 点击填充颜色中的▣，调节出颜色面板，用“小三角”来调节高光和阴影，如图 6-21 所示。

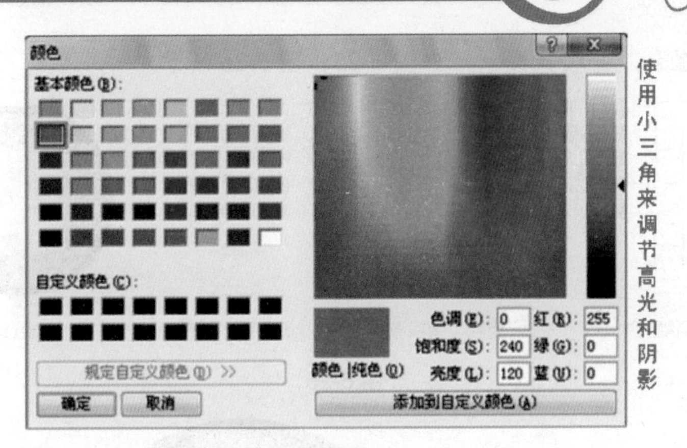

图 6-21

Step 13 增加辅助线，绘制好高光阴影，如图 6-22、图 6-23 所示。

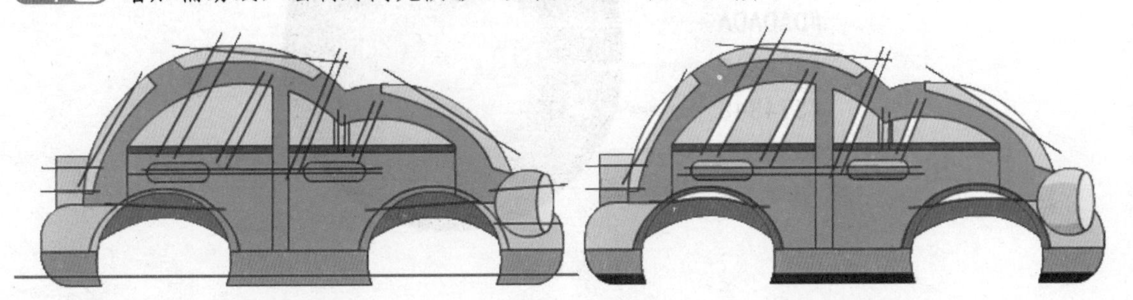

绘制辅助线　　　　柔化辅助线上色

图 6-22

图 6-23

Step 14 使用“椭圆工具”并按住<Shift>键绘制车轮，如图 6-24 所示。

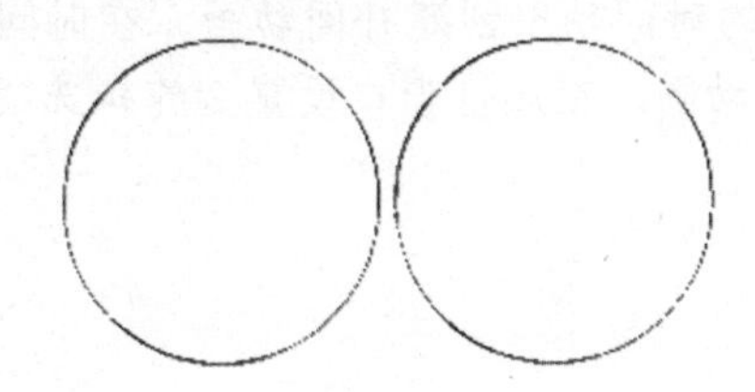

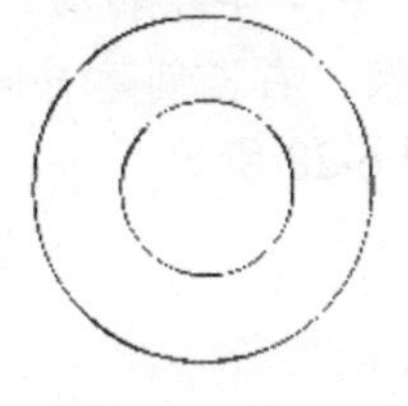

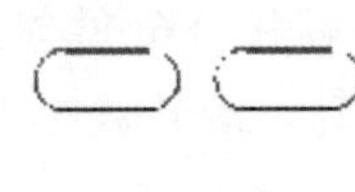

绘制两个圆　　　　缩放一个组合在一起　　　　绘制一个圆角矩形再复制 3 个

图 6-24

Step 15 将图形组合，并填充颜色，如图 6-25、图 6-26 所示。

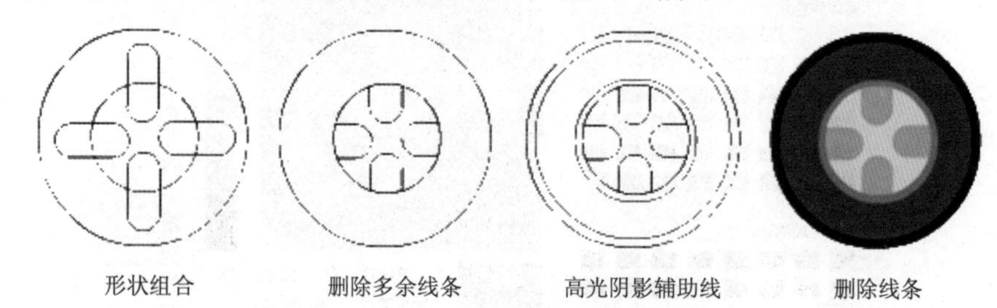

图 6-25

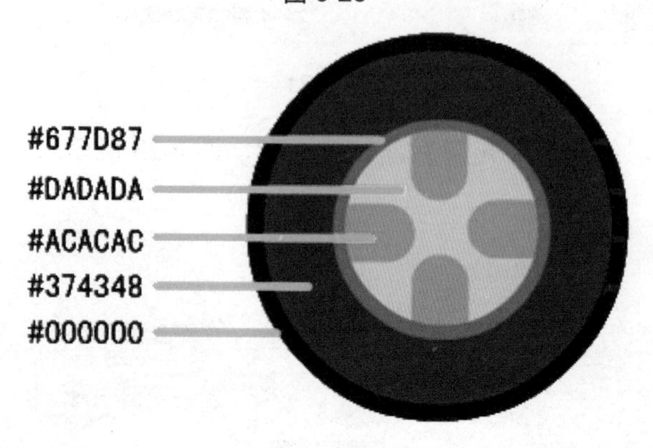

图 6-26

Step 16 选中车轮，按<F8>键将车轮转换为“图形”元件，并命名为“车轮”。选中“车轮”元件继续按<F8>键，命名为“车轮转动”，如图 6-27 所示。

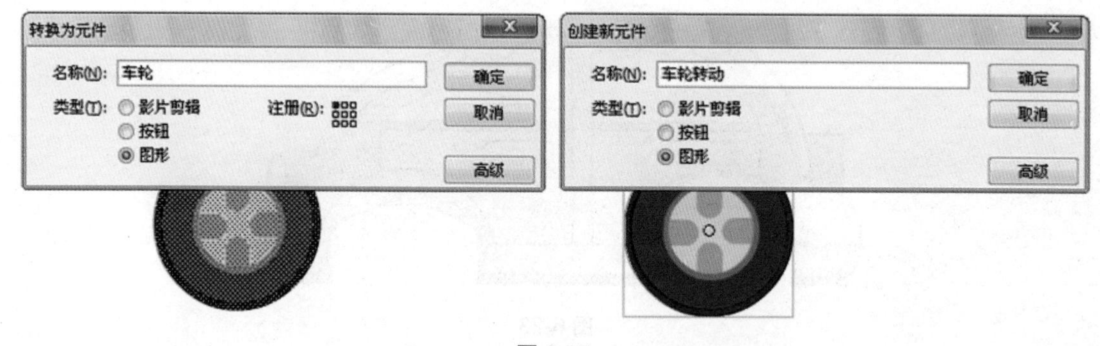

图 6-27

Step 17 双击“车轮轮转”元件，在“车轮转动”的时间轴中创建补间动画。在时间轴第 10 帧按<F6>键创建关键帧。右击创建补间动画。在属性窗口设置“旋转选项”顺时针，旋转数为 1，如图 6-28 所示。

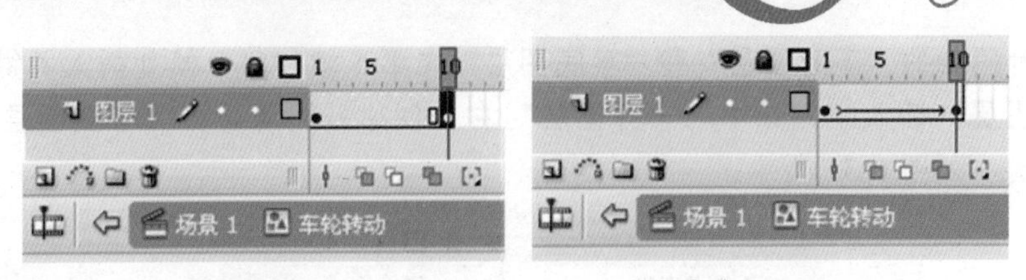

创建关键帧　　　　创建补间动画

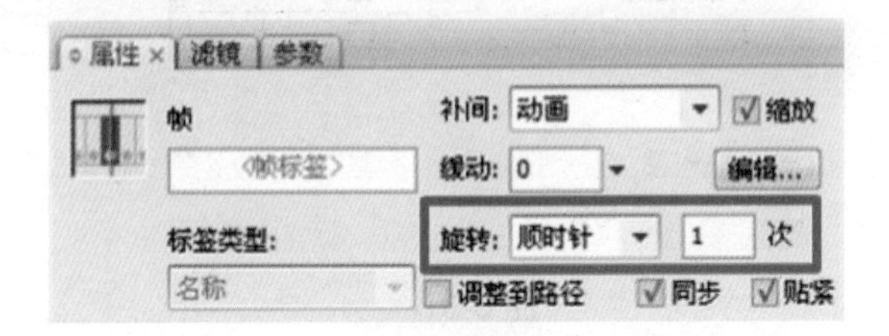

设置旋转

图 6-28

Step 18 点击“场景 1”返回舞台，创建新的图层，命名为“车身图层”。再建一个图层命名为“车底图层”。将车身选中，按<F8>键转换为“车身”图形元件。并移动到“车身图层”。将“图层 1”改为“车轮图层”。按<Ctrl+C>键复制并粘贴“车轮转动”元件，对齐到相应位置，如图 6-29 所示。

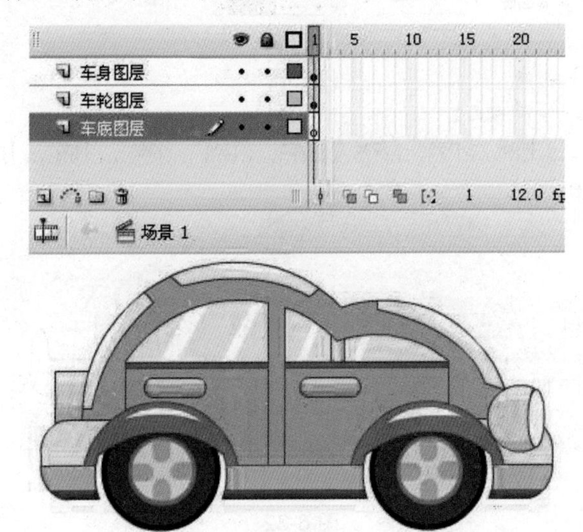

图 6-29

Step 19 使用“矩形工具”在“车底图层”绘制一个矩形，如图 6-30 所示。

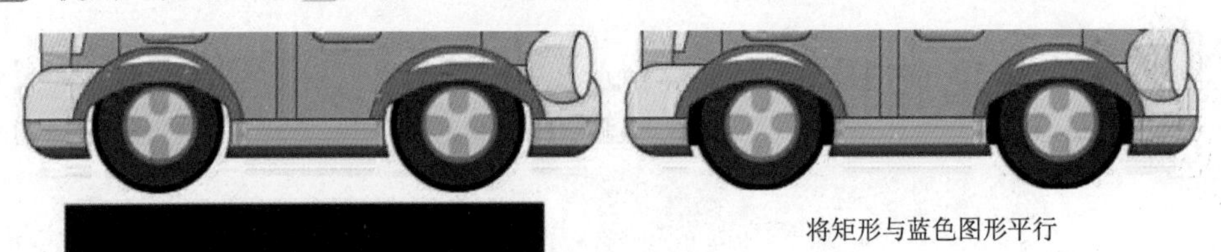

将矩形与蓝色图形平行

图 6-30

Step 20 将时间轴的"车身图层"和"车底图层"在第 5 帧和第 9 帧处插入关键帧，在"车轮图层"插入帧。选中"车身图层"右击创建补间动画。"车底图层"创建补间形状，如图 6-31 所示。

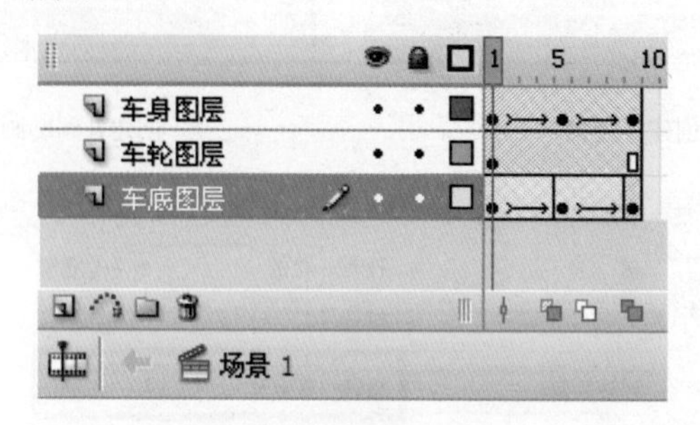

图 6-31

Step 21 使用"🔒"锁定"车轮图层"，选中时间轴的第 5 帧，按方向键的"下键"两下，增加汽车开动时的幅度。按<Ctrl+Enter>键测试动画效果。动画完成并保存，如图 6-32 所示。

图 6-32

在"图 6-32"的截图中，增加了标尺，标尺可以准确地对动画效果进行定位。左击标尺不松手可以拽出绿色的辅助线。

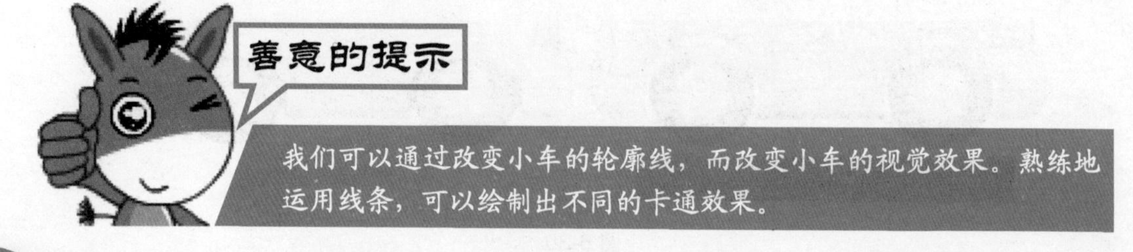

善意的提示
我们可以通过改变小车的轮廓线，而改变小车的视觉效果。熟练地运用线条，可以绘制出不同的卡通效果。

粗线条的效果　　　　无线条效果

图 6-33

提高项目　弹射的子弹

想一想如何让一个发射出去的子弹具有更酷更炫的效果，可结合逐帧动画和补间形状动画制作。

水中发射出去的子弹

佳作推荐

下面来推荐一些补间动画在动画中应用的效果。

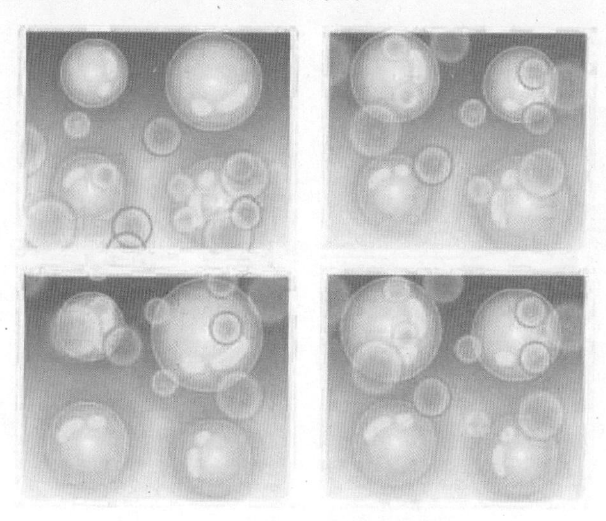

可以制作出酷炫动态背景图

 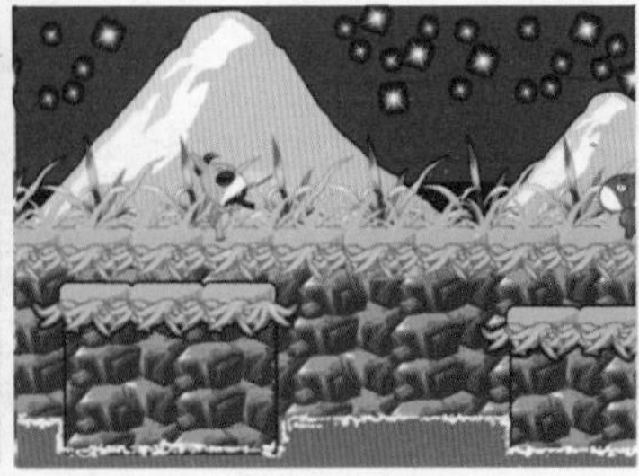 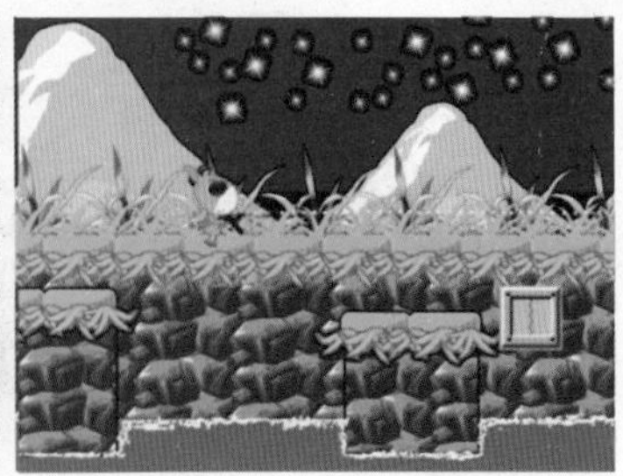

背景的移动

物体的移动

桃心特效

第 7 章　引导线动画

运动引导层可以帮助大家绘制动画路径。元件、组或文本块可以沿着这些路径运动。也可以将多个层链接到一个运动引导层，使多个对象沿同一条路径运动。加入引导线的补间动画更具有活力，这一章我们就来学习引导线的制作方法，制作出一些好看的特效。

项目 9　跳动的小球

学习目标

- 掌握引导线的制作方法。
- 掌握小球跳动时的运动规律。

项目赏析

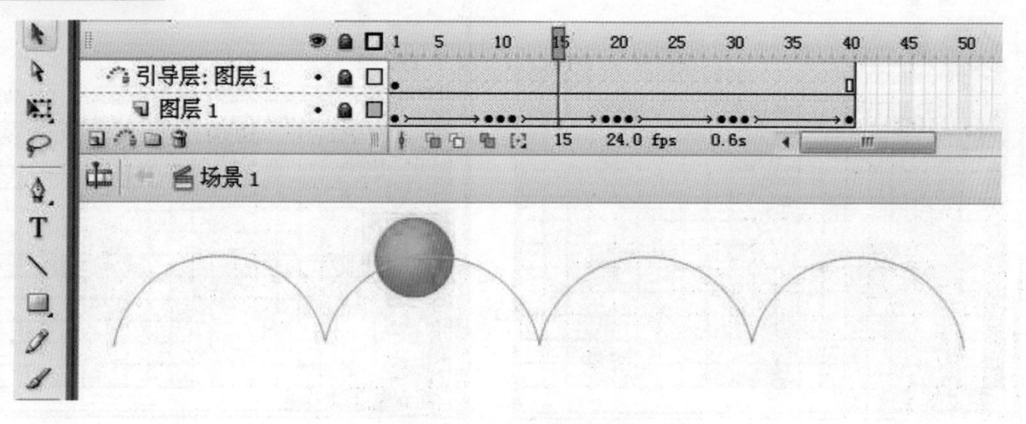

此图为动画中的效果截图

操作步骤

Step 01 新建 Flash 文件（ActionScript 3.0）或按<Ctrl+N>键创建新文档。在属性窗口设置：舞台大小为 500×150 像素，背景颜色为白色，帧频为 24 帧/s。如图 7-1 所示。

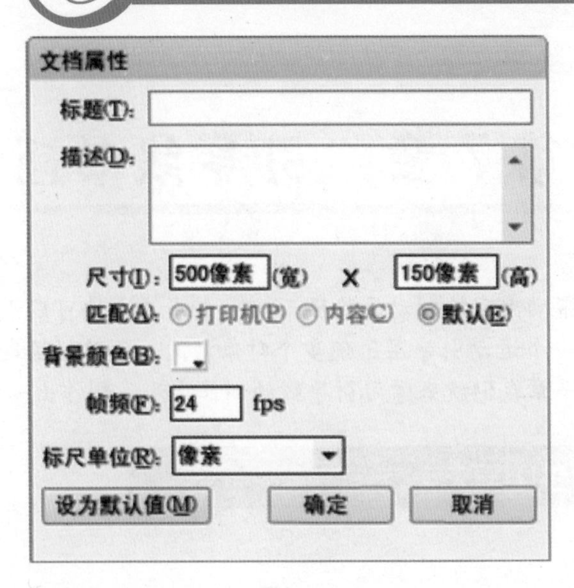

图 7-1

Step 02 使用“椭圆工具（O）”并按住<Shift>键绘制一个圆形。去掉边线。使用颜料桶工具给圆填充“放射性”填充色，如图 7-2 所示。

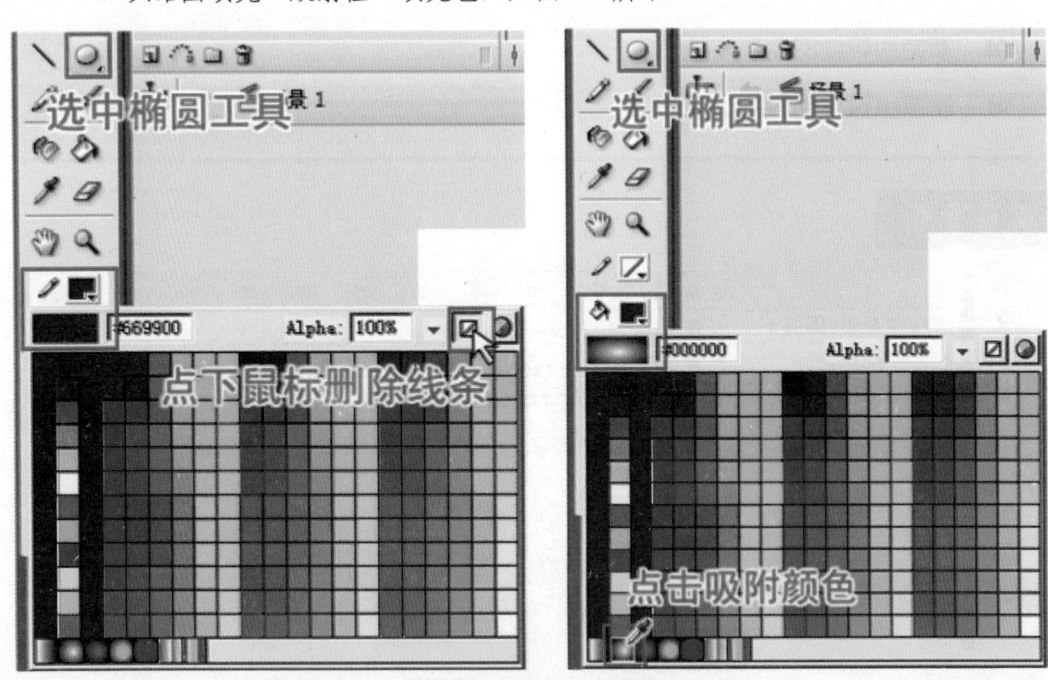

图 7-2

Step 03 圆绘制好后，按快捷键<Shift+F9>调出颜色面板。更改“放射状”填充颜色，如图 7-3 所示。

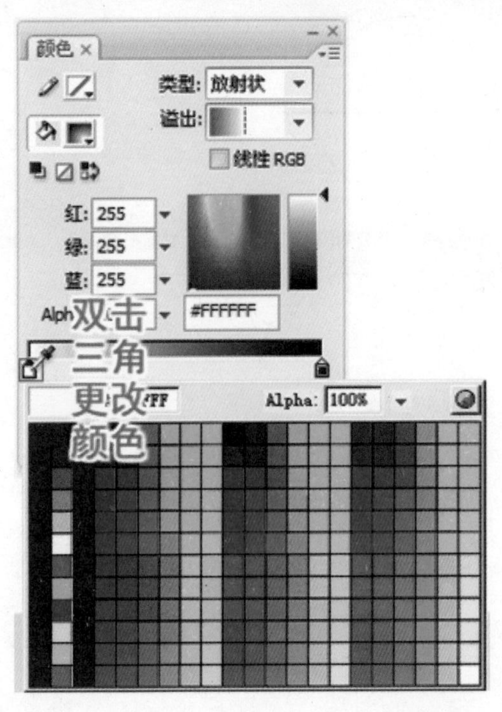

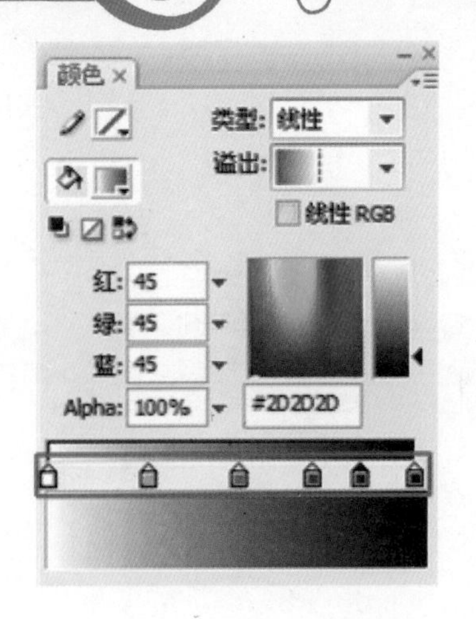

图 7-3

双击小三角可以更改颜色属性。在“色块”上单击可以任意添加小三角，来更改颜色属性。选中小三角向下拖拽可以去掉多余的颜色桶。

Step04 将小球颜色设置为“放射状”蓝色，两端色值为“#00CCFF”、“#0276C1”，并用“渐变变形工具”对其进行调整如图 7-4 所示。

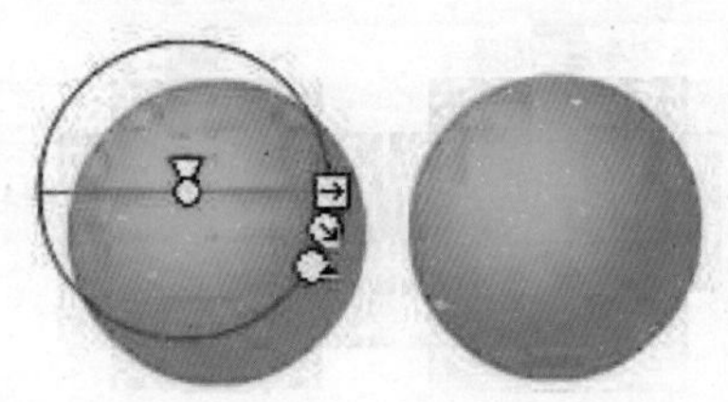

图 7-4

Step05 选中圆球并按<F8>键转换为“图形”元件。并给“图层 1”添加引导线图层，如图 7-5 所示。

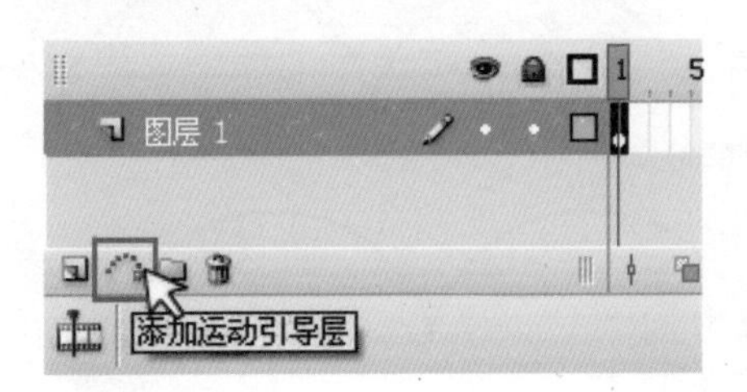

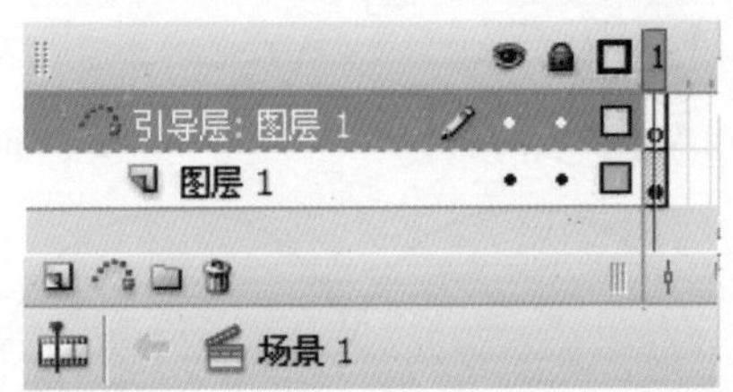

图 7-5

Step06 在引导线图层绘制“引导线”，如图 7-6 所示。

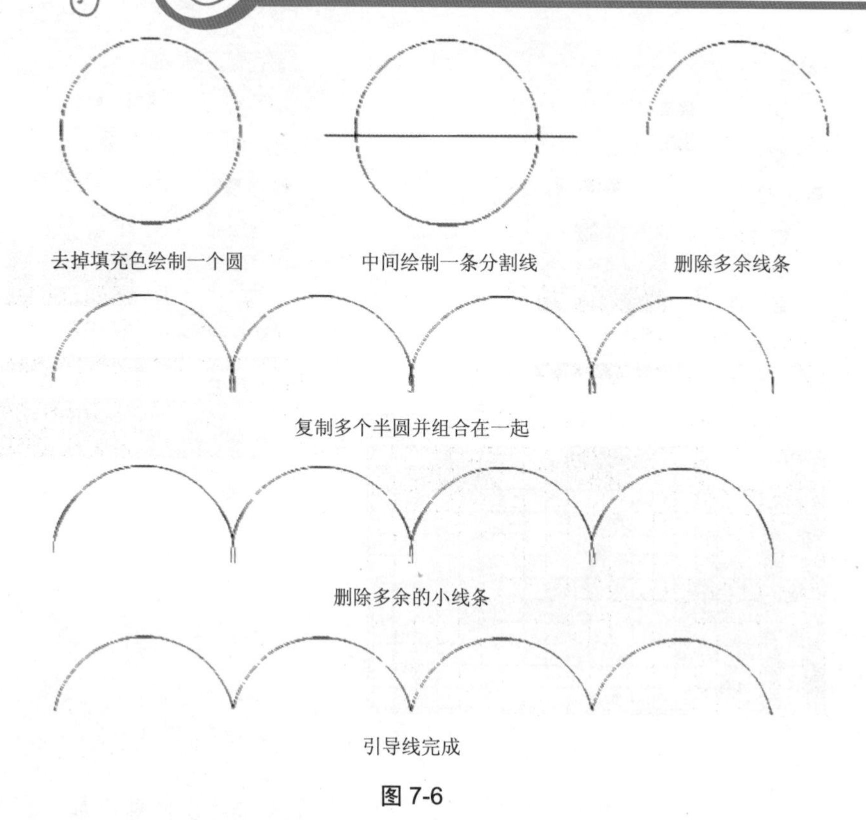

图 7-6

Step 07 选中“图层 1”在第 40 帧处按<F6>键插入关键帧。右击创建补间动画。引导层在第 40 帧处按<F5>键插入关键帧，如图 7-7 所示。

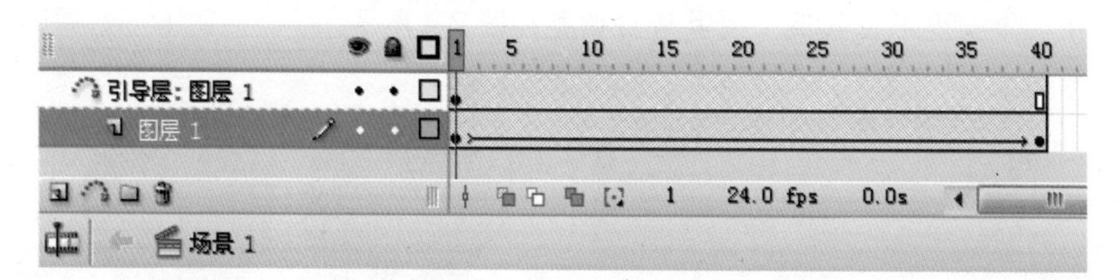

图 7-7

Step 08 将“图层 1”第 1 帧的圆对齐到引导线的起始端。第 40 帧的圆对齐到引导线的结束端，如图 7-8 所示。

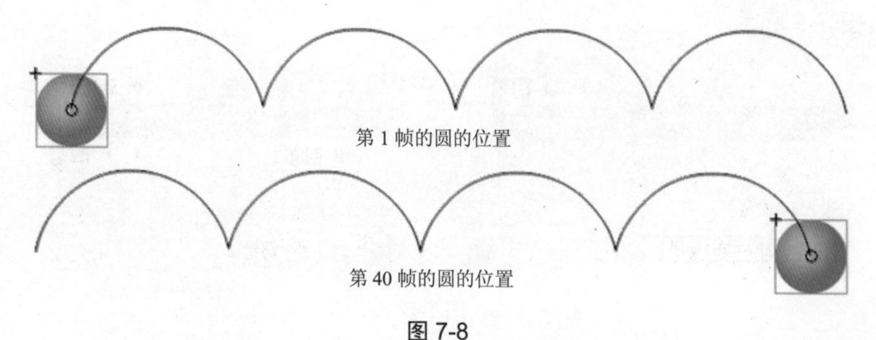

图 7-8

在做引导线动画的时候，图形元件的中心点要与引导线相吸附。

Step 09 动画现在已经基本完成了，下面用洋葱皮来查看动画效果，如图7-9、图7-10所示。

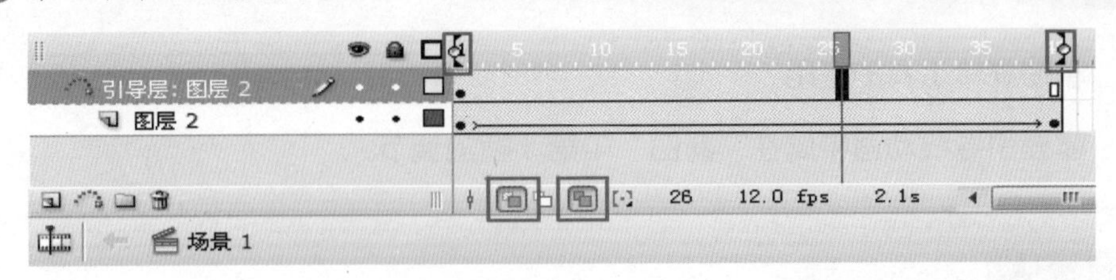

图7-9

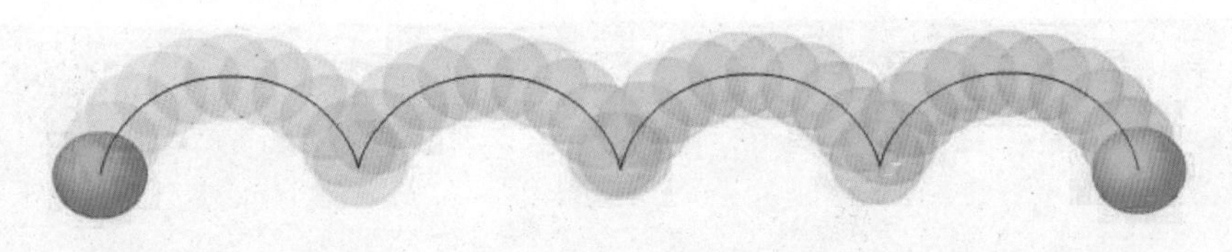

图7-10

Step 10 下面我们给小球增加动画效果。在小球落地的帧数上，对小球进行变化。在第10帧、20帧、30帧处插入关键帧。并将这三个关键帧两旁的帧数也插入关键帧，如图7-11所示。

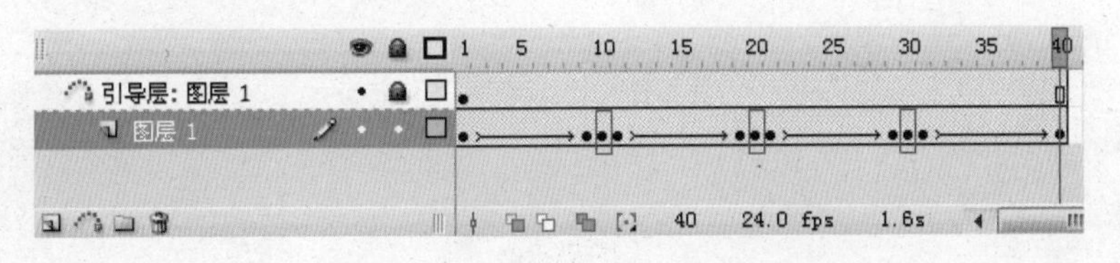

图7-11

Step 11 将10帧、20帧、30帧上的小球，用“任意变形工具（O）”将小球压扁一些，如图7-12所示。

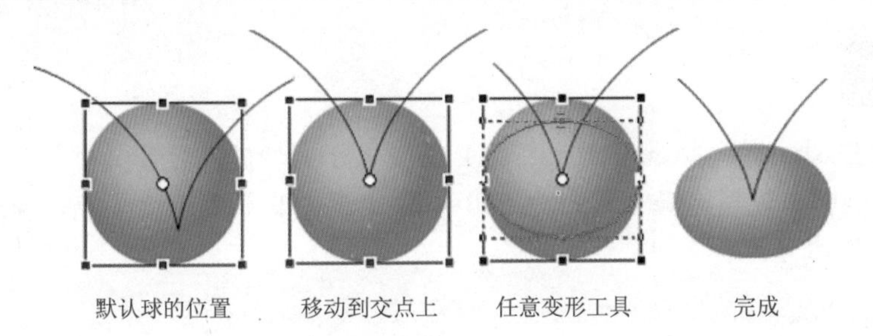

图7-12

Step 12 动画完成，按<Ctrl+Enter>键测试影片、保存文件。

项目 10 下雪的特效

学习目标

- 掌握旋转工具的使用。
- 掌握引导线动画中属性“窗口”中第 1 帧的调节。

项目赏析

操作步骤

Step 01 新建 Flash 文件（ActionScript 3.0）或按<Ctrl+N>键创建新文档。

在属性窗口设置：舞台大小为 550×400 像素，背景颜色为黑色，帧频为 24 帧/s，如图 7-13 所示。

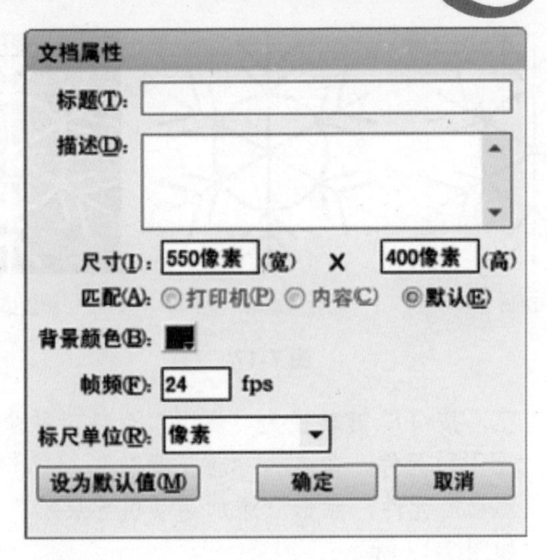

图 7-13

Step 02 使用"椭圆工具 (O)"，按住<Shift>键绘制雪花的中心，去掉填充色。用"直线工具 (N)"画出雪花的轮廓，如图 7-14 所示。

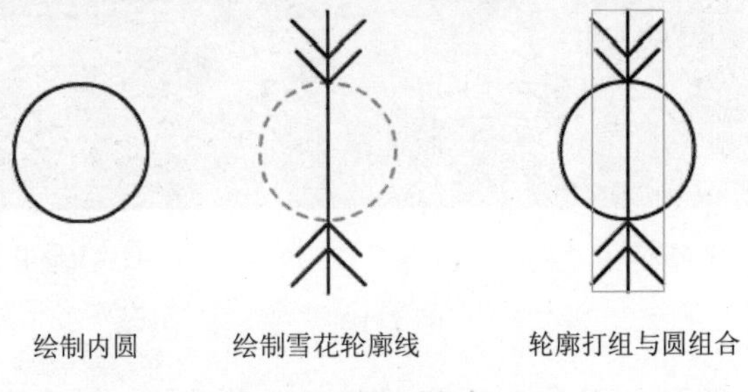

图 7-14

Step 03 选中组合好后的轮廓，按快捷键<Ctrl+T>调出变形面板，对其进行旋转复制。旋转设置为 60 度。点击"复制并应用变形 "两次，如图 7-15、图 7-16 所示。

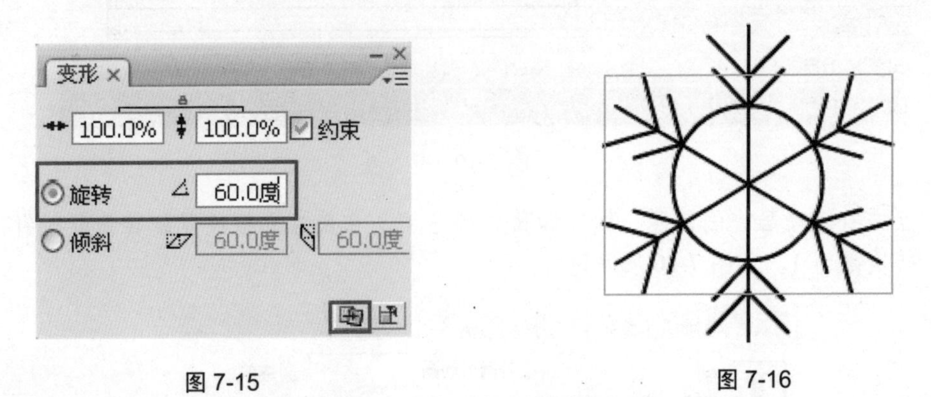

图 7-15　　图 7-16

Step 04 按快捷键<Ctrl+B>打散图形，将线条"笔触高度"设置为 4，颜色为白色。将内圆填充为白色，Alpha 为 50%，如图 7-17 所示。

选中图形

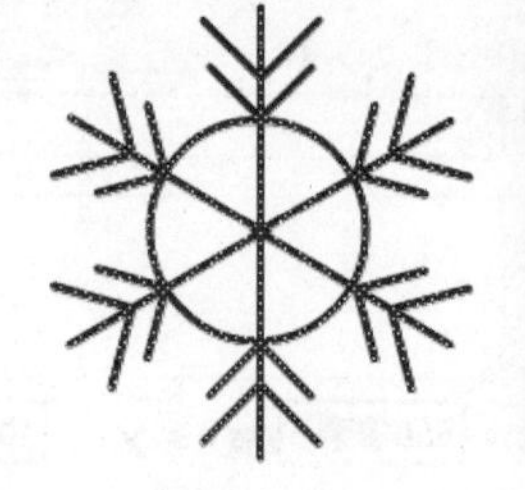

打散图形

完成效果

图 7-17

Step 05 选中绘制好的雪花，按<F8>键转换为“图形”元件，并命名为“雪花”。再次按<F8>键转换为“图形”元件，命名为“雪花飘动”。

Step 06 双击进入“雪花飘动”元件，点击“添加运动引导层”增加引导层。在引导层上绘制引导线，如图 7-18 所示。

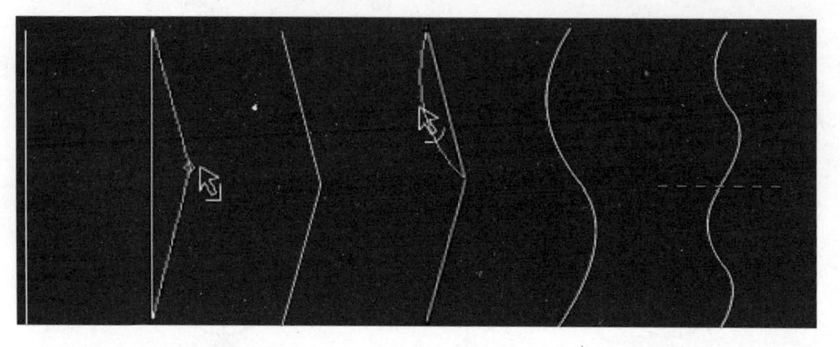

按住 Alt 增加锚点　　可以复制很多个

图 7-18

Step 07 在“雪花飘动”元件的图层 1 第 40 帧处插入关键帧，创建补间动画。引导层第 40 帧处插入帧，如图 7-19 所示。

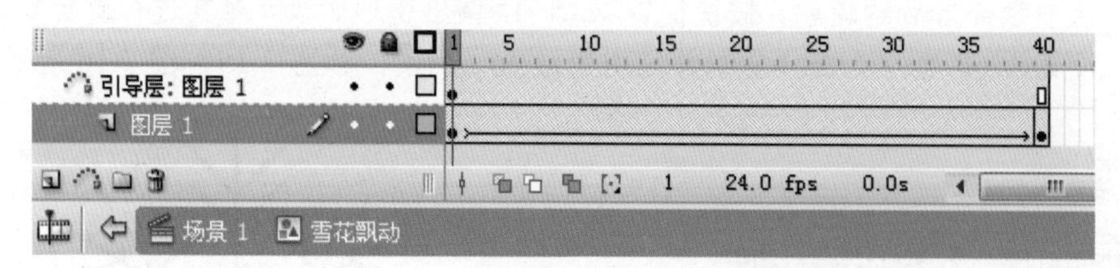

图 7-19

Step 08 点击补间动画中的任意一帧（即蓝色部分）。在属性面板设置旋转为顺时针，旋转次数为 1，如图 7-20 所示。

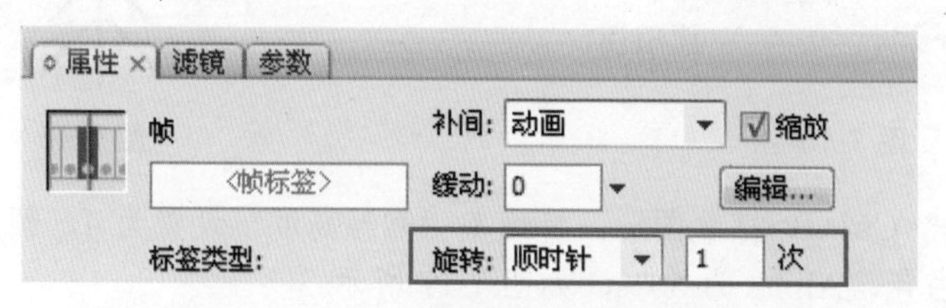

图 7-20

Step 09 将第 1 帧的雪花中心点与引导线起始端进行吸附对齐。第 40 帧的雪花中心点与引导线的结束端进行吸附对齐，如图 7-21、图 7-22 所示。

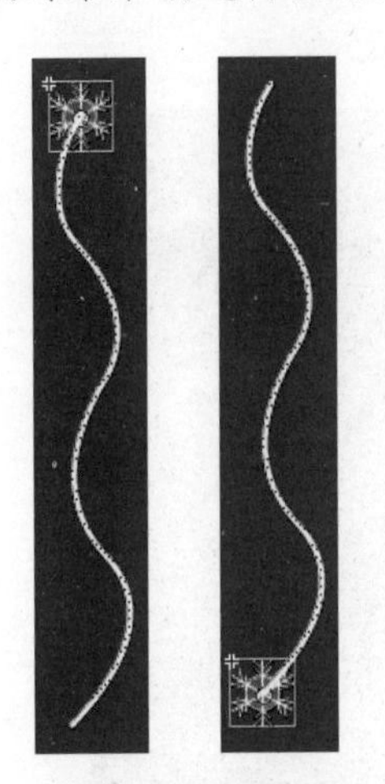

第 1 帧　第 40 帧

图 7-21

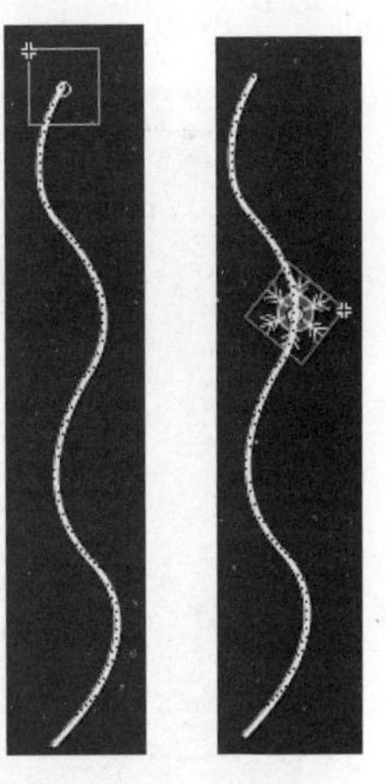

第 1 帧　第 15 帧

图 7-22

Step 10 点击“场景 1”返回到舞台，选中“雪花飘动”元件，按住<Alt>键任意拖动复制多个“雪花飘动”元件，如图 7-23 所示。

图 7-23

Step 11 分别点击复制出来的所有“雪花飘动”元件，在属性面板设置图形选项第一帧的起始位置。如第一个“雪花飘动”元件第一帧默认为 1。我们选中第二个“雪花飘动”元件第一帧改为 7，如图 7-24 所示。

循环　第一帧: 7　循环　第一帧: 20

图 7-24

Step 12 双击任意一个“雪花飘动”元件，在“雪花飘动”元件的图层 1 第 15 帧处插入关键帧，选中图层 1 的“雪花”元件在属性面板将其设置为颜色：Alpha 0%。

Step 13 点击第 1 帧到第 15 帧中的补间动画，在属性面板中将旋转变回无 旋转：无。舞台的雪花产生了错落有致的逼真效果，如图 7-25 所示。

图 7-25

Step 14 我们选中个别雪花并将它们的大小进行调节，让雪花产生透视效果，如图 7-26 所示。

图 7-26

Step 15 按<Ctrl+Enter>键测试影片，保存文件。下雪动画效果完成。

善意的提示

我们可以用以上方法绘制出很多特效方法，如花瓣，流星等。

提高项目　隧道中的电流

想一想如何制作电流在管道内流动的效果。

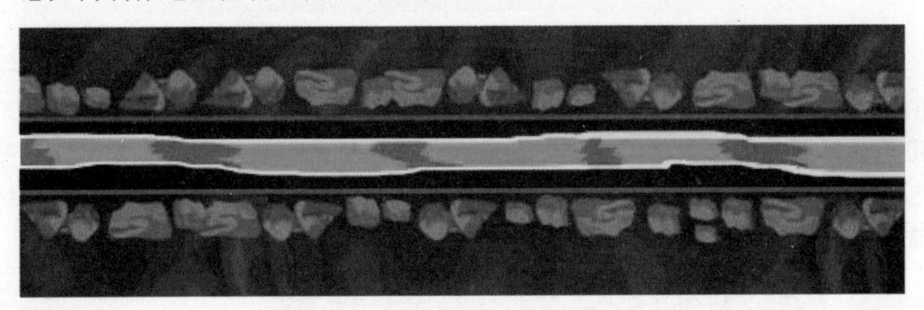

佳作推荐

下面来推荐一些在动画中运用到的引导线效果。

落叶飘动

蜻蜓飞舞

环绕地球的汽车也运动了引导线

第8章 遮罩动画

我们可以使用遮罩层来显示下方图层中图片或图形的部分区域。若要创建遮罩，请将图层指定为遮罩层，然后在该图层上绘制或放置一个填充形状。可以将任何填充形状用作遮罩，包括组、文本和元件。熟练掌握遮罩的用法后，就能制作出大量的遮罩特效。这一章我们就来学习遮罩动画的应用。

项目 11 滚动的字幕

学习目标

- 掌握给文字添加滤镜。
- 掌握遮罩层的用法。

项目赏析

此图为动画中的效果截图

操作步骤

Step01 新建 Flash 文件（ActionScript 3.0）或按<Ctrl+N>键创建新文档。

在属性窗口设置：舞台大小为 720×576 像素，背景颜色为白色，帧频为 25 帧/s（电视动画的设置），如图 8-1 所示。

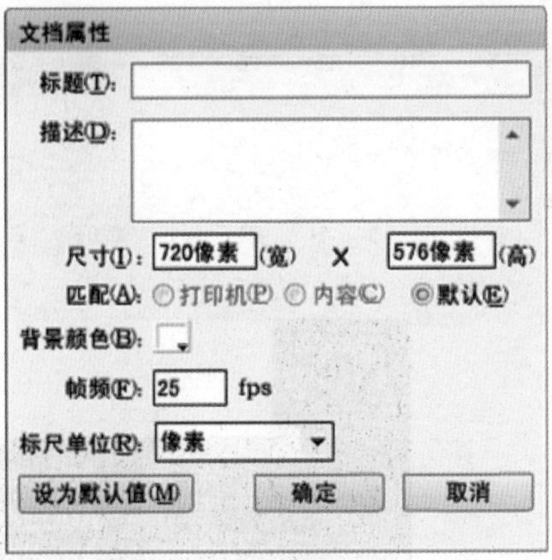

文档属性
标题(T):
描述(D):
尺寸(I): 720像素 (宽) X 576像素 (高)
匹配(A): 打印机(P) 内容(C) 默认(E)
背景颜色(B):
帧频(F): 25 fps
标尺单位(R): 像素
设为默认值(M) 确定 取消

图 8-1

Step02 使用“矩形工具（R）”绘制一个矩形，颜色为黑色，将“图层 1”重新命名为“背景层”。选中黑色矩形，在属性面板设置图形大小：宽 720，高 576，如图 8-2 所示。

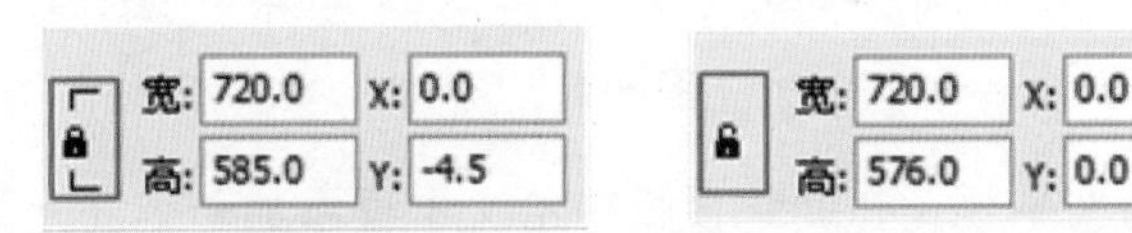

锁定未解除　　解除锁定

图 8-2

在 Flash CS3 中宽、高的比例默认的是等比例调节，更改宽度后，高度会随之等比例改变，单击小锁就可以解除等比例锁定。解除锁定后即可分别调整宽高比例。

Step03 选中黑色矩形，按快捷键<Ctrl+K>调出“对齐”窗口。用对齐工具让黑色背景与舞台中央对齐，如图 8-3 所示。

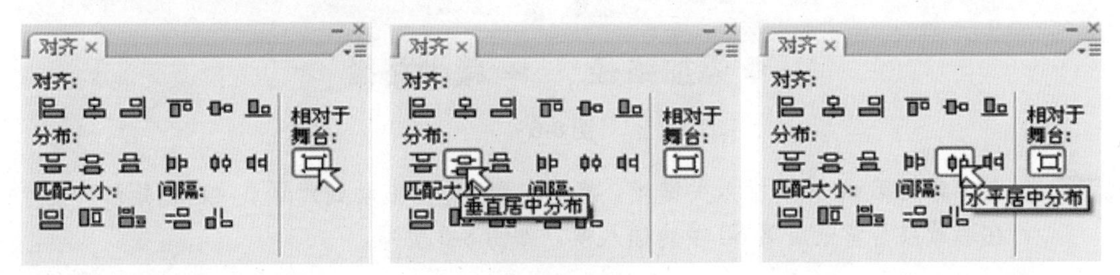

首先点击相对于舞台　　点击垂直居中分布　　点击水平居中分布

图 8-3

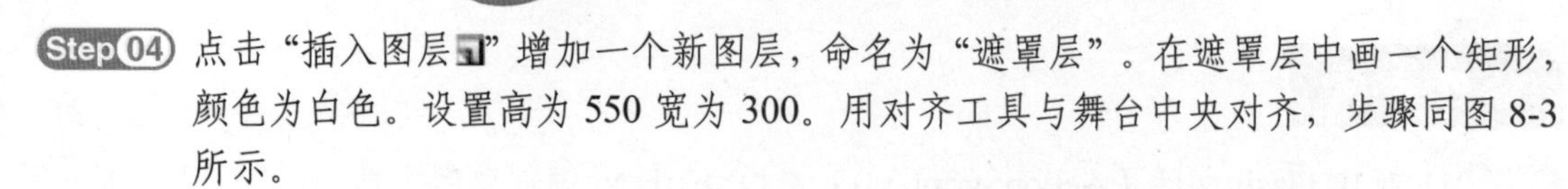

Step04 点击“插入图层”增加一个新图层，命名为“遮罩层”。在遮罩层中画一个矩形，颜色为白色。设置高为 550 宽为 300。用对齐工具与舞台中央对齐，步骤同图 8-3 所示。

Step05 点击背景层，继续“插入图层”增加一个新图层，命名为“字幕层”。使用“文本工具T（T）”在图层中输入几行文字。字体为黑体，颜色为白色，字号为 40 号的字体，如图 8-4 所示。

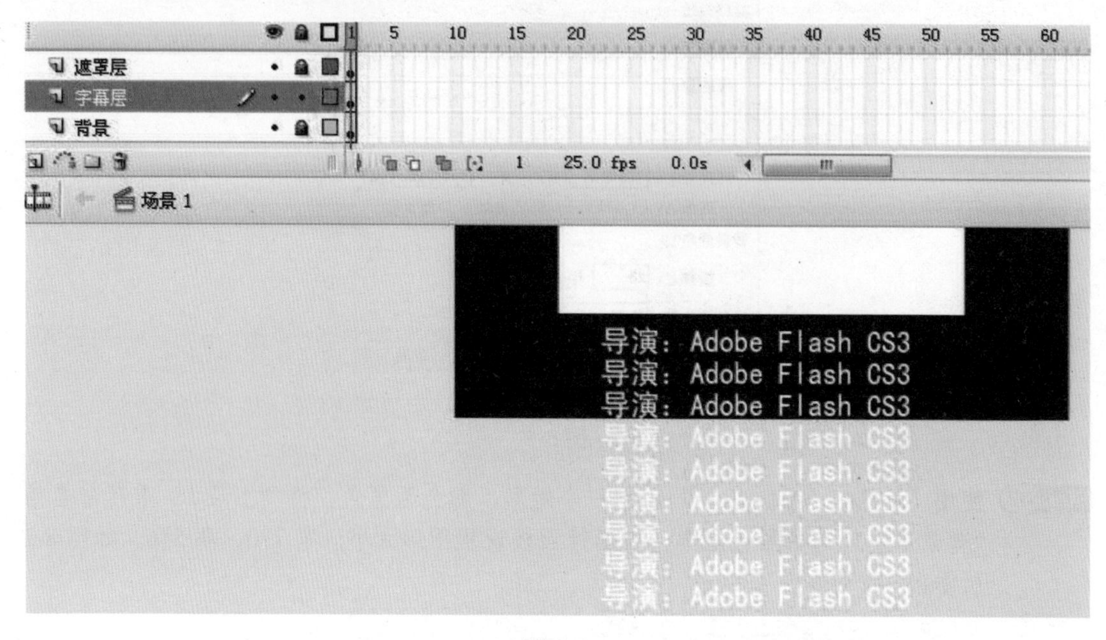

图 8-4

Step06 选中字幕层中的文本框，在滤镜面板中给文本框添加一个发光滤镜，颜色为红色，强度为 400%。按<F8>键转换为元件。命名为“字幕”，如图 8-5 所示。

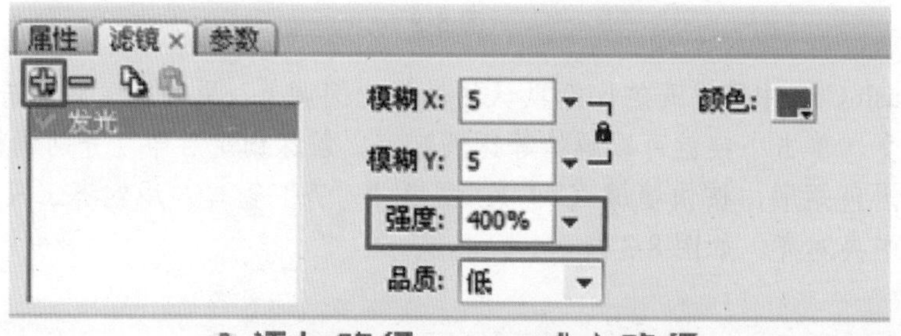

添加路径 减少路径

图 8-5

Step07 在字幕层第 60 帧处插入关键帧。将“字幕”元件拖动到遮罩层“白色矩形”上方。在遮罩层与背景层第 60 帧处插入帧，如图 8-6 所示。

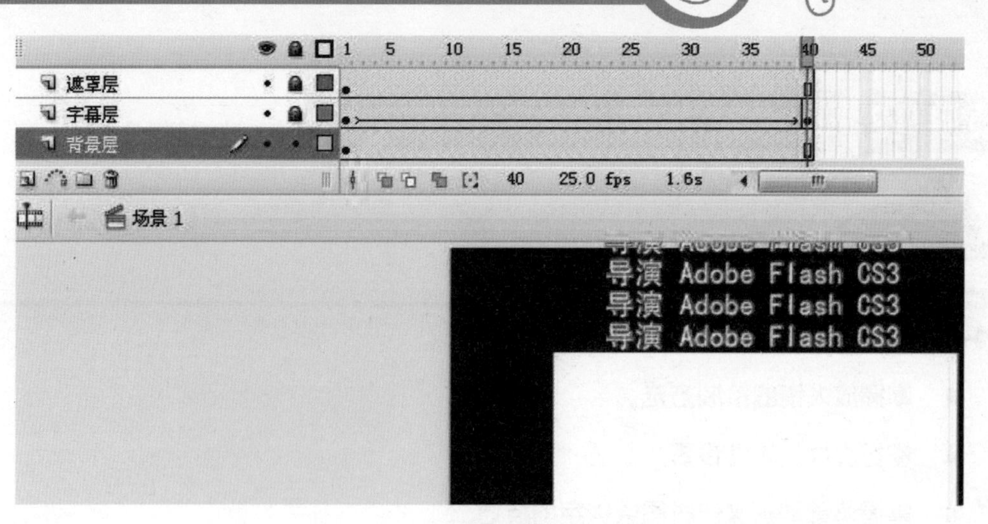

图 8-6

Step 08 鼠标指向遮罩层，右击鼠标，点击遮罩层，完成遮罩效果。如图 8-7 所示。

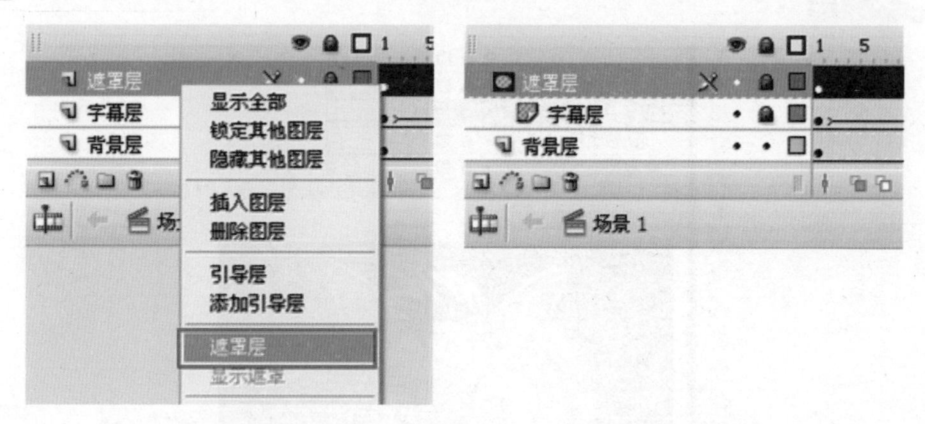

图 8-7

Step 09 按<Ctrl+Enter>键测试动画效果，保存文件，动画完成。

技巧速记

我们可以将字幕遮罩整体转换为一个影片剪辑，放到动画结尾处，与动画结束画面结合起来。

项目 12 放大镜特效

学习目标

- 掌握放大镜的绘制方法。
- 掌握图片的属性设置。
- 掌握遮罩动画操作时图层锁定的技巧。

项目赏析

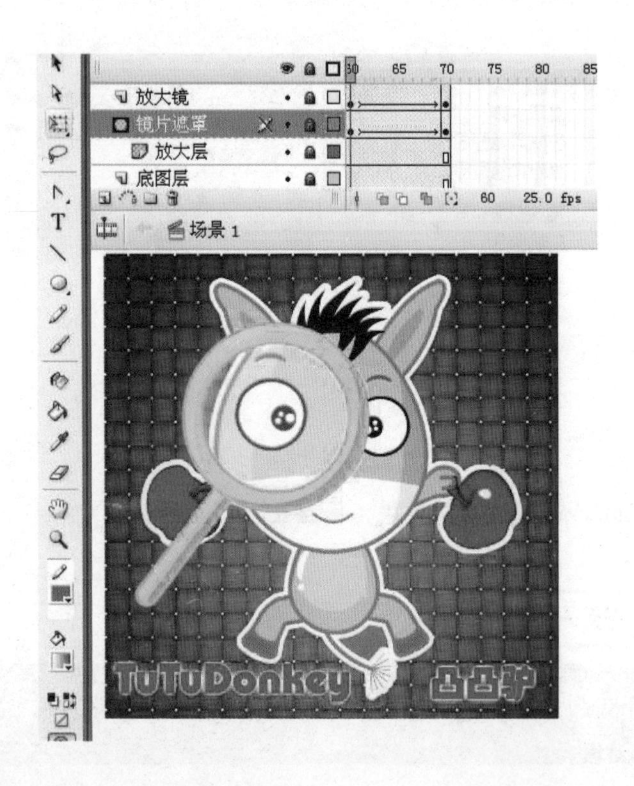

操作步骤

Step 01 新建 Flash 文件（ActionScript 3.0）或按<Ctrl+N>键创建新文档。

在属性窗口设置：舞台大小为 500×500 像素，背景颜色为白色，帧频为 25 帧/s。

Step 02 按快捷键<Ctrl+R>导入一张图片到舞台。再按<Ctrl+k>键调出“对齐”窗口，选中图片，将图片与舞台中心对齐。将“图层 1”重命名为“底图层”，如图 8-8、图 8-9 所示。

Step 03 点击“插入图层”增加一个新图层，命名为“放大层”。按<Ctrl+C>键复制“底图层”中的图片，粘贴到当前位置到“放大层”，将放大层中的图片用“缩放和旋转”命令，把图片“缩放120%”，快捷键为<Ctrl+Alt+S>，如图8-9所示。

在Flash中导入位图时，放大或缩小，会出现图片粗糙的情况，这时候，在库窗口中，找出相应图片，双击“”图标，选中“允许平滑”即可，如图8-10所示。

图8-8

图8-9

图8-10

Step 04 在放大层上面“插入图层”，命名为“放大镜”，在本图层中绘制放大镜。

Step 05 选择“椭圆工具（O）”在属性面板里设置椭圆“内径为80”，删除填充色，如图8-11所示。

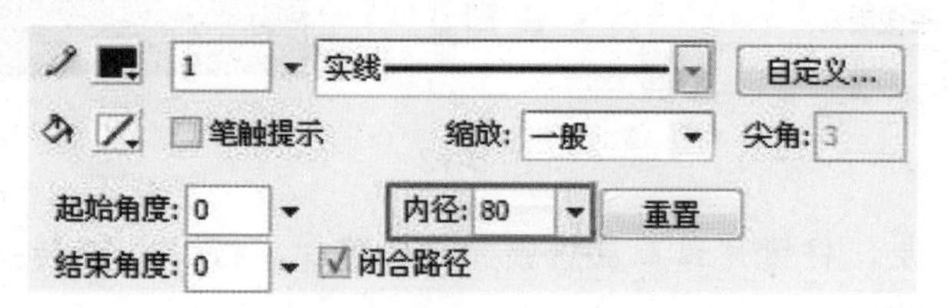

图8-11

Step 06 绘制出放大镜的框架，并填充颜色，按图8-12所示的步骤绘制。

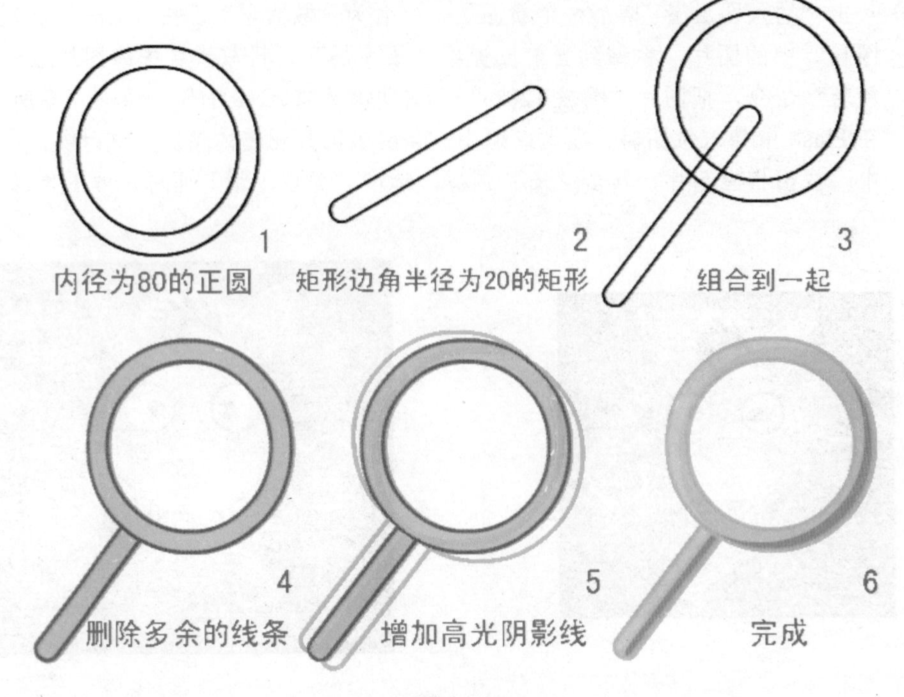

图 8-12

放大镜的线条高度为 3，颜色为“#24A3D2”，填充色为“#52BAE1”，高光与阴影用颜色面板调节。将放大镜镜片填充为 30%透明的白色。

Step 07 选中放大镜的镜片，按<Ctrl+C>键将其复制。在放大层上面继续选择“插入图层”并命名为“镜片遮罩”，将“镜片”粘贴到当前位置（按<Ctrl+Shift+V>键）到“镜片遮罩”图层中。

Step 08 点击“锁定所有图层”，将放大镜图层解锁，选中放大镜，按<F8>键转换为“图形”元件，命名为“放大镜”，如图 8-13 所示。

图 8-13

Step 09 锁定放大镜层，将镜片遮罩层解锁，选中镜片，按<F8>键转换为“图形”元件，命名为“镜片”。

Step 10 将“镜片遮罩层”解锁。“放大镜层”与“镜片遮罩层”在时间轴的第 70 帧处插入关键帧，并创建补间动画，在“放大层”与“底图层”第 70 帧处插入帧，如图 8-14 所示。

图 8-14

Step 11 选中“放大镜”和“镜片”在补间动画中每隔 10 帧移动一个位置，如图 8-15 所示。

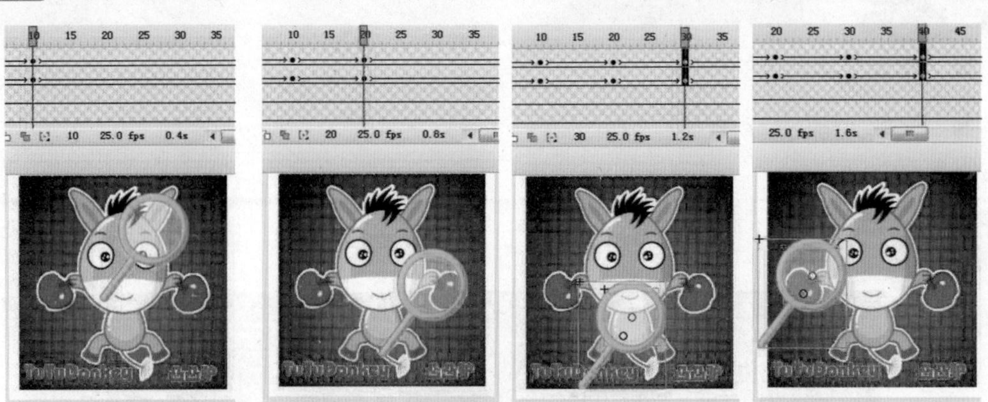

图 8-15

按照此方式，分别将 10 帧、20 帧、30 帧、40 帧、50 帧、60 帧插入关键帧。并同时移动放大镜和镜片的位置。

Step 12 调节完毕后，在“镜片遮罩层”处右击鼠标选择遮罩层，遮住放大层，如图 8-16 所示。

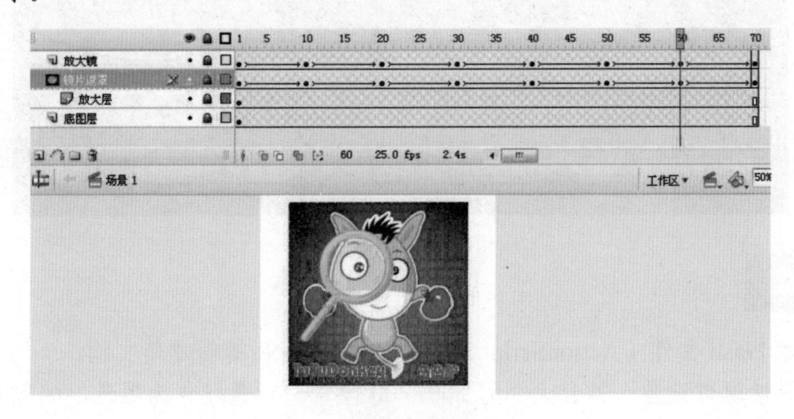

图 8-16

Step 13 按<Ctrl+Enter>键测试影片，保存文件，动画完成。

善意的提示

在制作比较复杂的动画时，合理地运用“锁定/解除锁定图层”命令工具，可以大幅度减少错误的发生。

项目 13 制作火焰文字

学习目标

- 掌握文字遮罩的技巧。
- 了解火焰的运动规律。

项目赏析

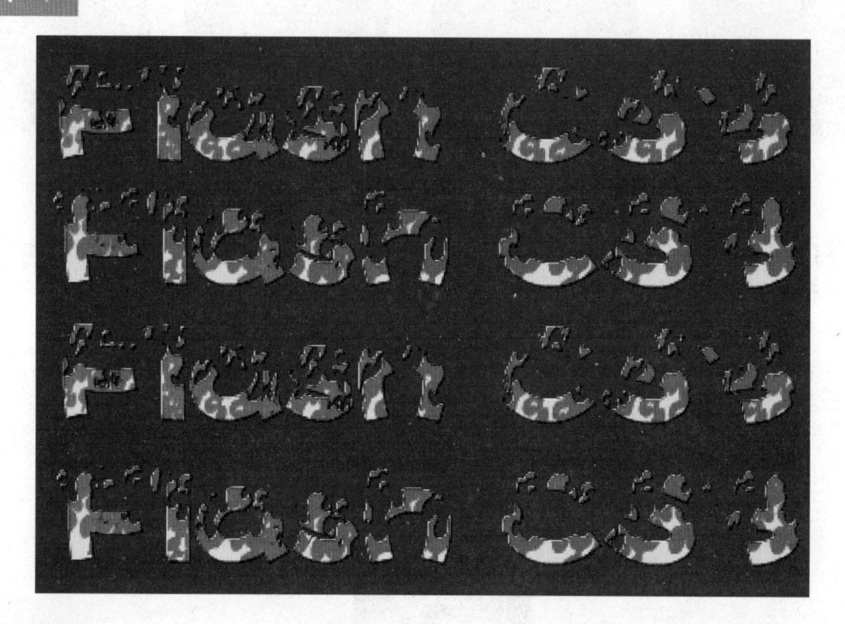

操作步骤

Step01 新建 Flash 文件（ActionScript 3.0）或按<Ctrl+N>键创建新文档。

在属性窗口设置：舞台大小为 500×200 像素，背景颜色为黑色，帧频为 25 帧/s。

Step02 选中“文本工具 T（T）”在舞台中输入英文，在“属性”窗口进行相应设置。并将“图层 1”重新命名为“文字”层，如图 8-17 所示。

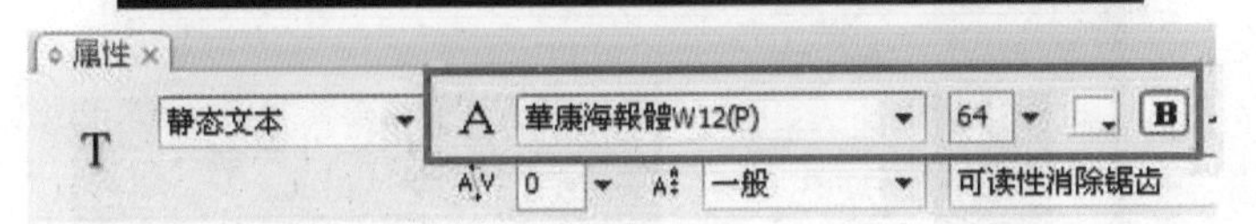

图 8-17

Step 03 新建一个图层，命名为“火焰”并在图层上绘制动态火焰，绘制完毕后转换为“图形”元件，命名为“火焰”，如图 8-18 所示。

图 8-18

Step 04 将“火焰”层拖动到“文字”层下方，将“火焰”元件用“任意变形工具”调整到合适位置逐一与英文字母对齐，如图 8-19 所示。

Step 05 复制多个火焰元件，与每个英文分别对齐，如图 8-20 所示。

图 8-19

图 8-20

Step 06 在时间轴第 4 帧处，按<F5>键插入帧。选中文字层，右击鼠标，选择遮罩层，如图 8-21 所示。

图 8-21

Step 07 按<Ctrl+Enter>键测试影片，保存文件，动画效果完成，如图 8-22 所示。

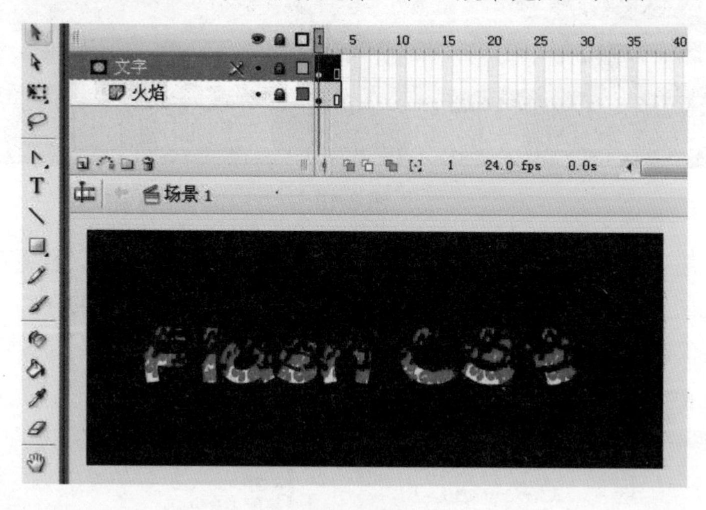

图 8-22

提高项目 旗子的飘动

想一想如何用遮罩的方法制作旗子的飘动。

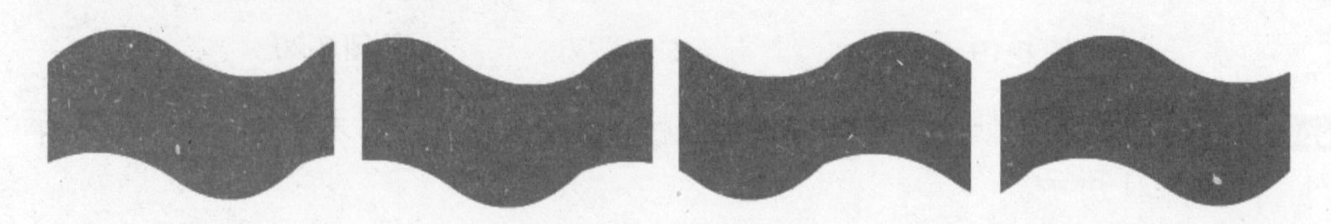

佳作推荐

下面来推荐一些在动画中运用到的遮罩特效。

动画结束画面

遮罩制作的水中倒影

各种文字遮罩

第 9 章　经典案例分析

本章我们来学习制作一个完整 Flash 动画所需要的全部过程，以“剧本创作”、“绘制分镜”、“绘制角色”、“绘制背景”、“绘制角色的动作”、“动画合成”、“制作进度条读取画面”、“制作动画结束画面”、“添加动画的音乐音效”、“动画的发布设置”、“动画上传到网络”等十个步骤来全面分析动画的每个环节，让大家全方位地认识和理解 Flash 动画的理念以及制作过程。

项目 14　地震了你还会牵我的手吗

学习目标

- 了解动画制作的工作流程。
- 了解动画中人物和背景绘制的技巧。
- 掌握基本的运动规律。
- 掌握镜头的概念。
- 学会发布动画到网络。

项目赏析

此图为“地震了你还会牵我的手吗？”动画中部分精彩截图

操作步骤

“地震了你还会牵我的手吗？”是凸凸驴系列短片动画之一。故事创作于“5.12 汶川大地震”后。故事讲述了从地震发生前到结束后主人公“凸凸”在地震中营救“噜噜”的感人故事。歌颂了地震中人们坚定不移的爱情，以及互助互信的理念，同时也揭露了一些人在危险来临之时只为自己而不顾他人的恶劣现象。

此动画发布在闪吧、腾讯动漫专区、闪客帝国、TomFlash 等网站上，点击率单周就突破了 10 万，同时获得了腾讯动漫单周点击率、投票率冠军。

下面我们就来分析一下这个动画。创作成功的两个要素。

动画起名：当我们创作一个动画时，动画的名称是非常重要的，“地震了你还会牵我的手吗”非常符合地震过程中遇到的问题，也是人们讨论比较激烈的话题。因此必然会吸引很多网友对动画的关注。

创作时机：把握创作时机，在创作 Flash 动画时，要根据潮流去做，尽量不做过时的。假设这个动画发布于 2008 年北京奥运会期间，结果可想而知，点击率肯定不会很理想。

把握了这两条要素之后，我们就可以开始创作一个引人入胜的 Flash 动画作品了。

下面就来看下一个动画创作的整体框架。

1. 剧本创作

一个优秀的 Flash 作品，一定要有一个剧本作为动画创作的基础。下面就来看看这个动画剧本的创作。

第一幕，在一个阳光明媚的清晨，男主人公“凸凸驴”做着美梦呼呼大睡着。女主人公“噜噜驴”在教室上课，老师给她讲为人师表应该怎么做，这时噜噜感觉到书本和水杯有些轻微的晃动。果不其然，地震来临了，而上课的老师竟然抛弃他的学生们自己先逃跑了。

第二幕，男主人公凸凸此时也被强烈的晃动惊醒。意识到了地震，他第一时间想到，噜噜此刻很危险。于是凸凸冲出家门，不顾危险地奔向噜噜的教学楼，搭救噜噜。

第三幕，跑到教学楼下的凸凸看到了在楼上哭泣无助的噜噜，他大声呼喊道“噜噜要镇定，我这就去救你”。接着冲上楼去，勇敢地营救噜噜。

历尽艰辛，凸凸成功地营救出了噜噜。

在废墟前，两人拉住彼此的手，热泪盈眶。

动画发布时，各大网站的动画截图如图 9-1 所示。

图 9-1

2．绘制分镜

剧本创作完毕后，接下来我们的工作就是绘制一个简单的分镜。分镜头可以将剧本的关键内容转换为图像的形式，就像连环画一样。可以更加准确、清晰地表现出动画的内容。下面就来看看分镜头是如何绘制的。

分镜可以画得潦草简单，也可以画得比较正规，只要画面表达出了故事的意思即可。

正规的分镜头，如图 9-2 所示。

场景	编号	画面	剧情	音乐	时间
1	1		凸凸在家中睡大觉	舒缓 轻柔	4秒
	2		噜噜在上课	老师讲课声	5秒
	3		老师教课	配音	3秒
	4		穿越森林去营救	紧张 快节奏	5秒

图 9-2

我们还可以根据自己的需求来增加分镜头表格的栏目，也可以自定义一些栏目。

3. 绘制角色，背景

剧本和分镜头已经完成，下面就要用极大的耐心，根据分镜头来完善动画。首先来绘制动画中出现的角色，如图 9-3 所示。

善意的提示

在动画中的角色，可以是人，也可以是动物、植物、物品、水滴等。没有特定形象。动画的意义就是赋予角色灵魂。

图 9-3

在我们设计角色的造型时，不要设计得过于复杂，过于复杂的造型不易做动作，还增加了工作量，除非具备极大的耐心，否则这类的作品往往半途而废。越简单的造型在设计动作时就越灵活。越容易体现出造型的性格特征，因此何乐而不为呢。

角色绘制完毕后，制作动画的背景。

在 Flash 动画绘制背景的过程中，主要分为两种绘制的方法，如图 9-4 所示。

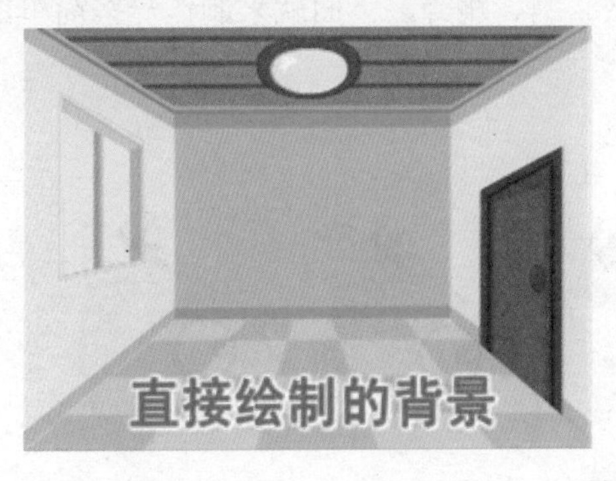

图 9-4

(1) 直接绘制的背景：当一个背景比较简单，透视明确的情况下，我们就可以直接用“直线工具”等绘制出背景的轮廓，然后填充颜色即可。

(2) 拼凑式组合背景：这类的背景构图比较复杂和充实，所以我们就要把背景中的“零件”分别画出来，再组合到一起变为一个构图充实的背景，如图 9-4 所示的拼凑式组合背景。我们可以分别画出，房子、树木、山、草垛、栅栏，然后再与草地、蓝天相组合。

“转换位图为矢量图”也是处理背景的好方法。首先按快捷键<Ctrl+R>导入一张图片到舞台上，选中舞台上的图片，并打开菜单栏的“修改”→“位图”→“转换位图为矢量图”命令将照片转换成矢量图，如图 9-5 所示。

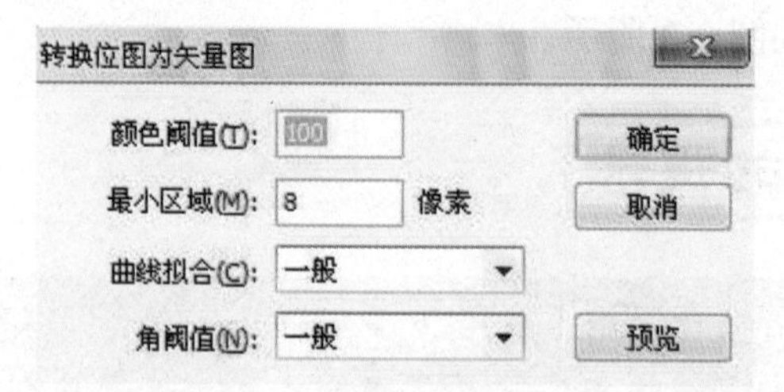

图 9-5

可以修改各种数值后点击预览查看转换后的效果，只转换一次很难达到满意的效果，多次调整以后就能达到比较满意的效果了。

图 9-6

4．绘制角色的动作

在一个动画中角色会有很多动作，如走路、跑、跳等，下面就来制作一些简单的走路技法，如图 9-7 所示。

一步走路

图 9-7

两步走路

图 9-7(续)

此侧面走路为动画中噜噜的走路截图。逐帧调节，一共 8 帧完成。这个动作比较简单，既像走又像跑。但在动画中已经具备了走起来的基本效果。

正面跑

只需要短短的 4 帧即可完成一个简单的正面跑，如图 9-8 所示。

图 9-8

表情的变化

除了角色整体的运动外，角色的表情也是动作中不可缺少的，下面就来介绍一些简单的表情变化是如何制作的。

眨眼的动作如图 9-9 所示。

图 9-9

用直线工具来分隔，按<Del>键删除多余部分。一步步删除，直到让眼睛闭上。帧数越多，眨眼的动作就越慢。

说话的嘴巴如图 9-10 所示。

图 9-10

5．动画合成

动画需要的角色、背景、人物动作已经制作完成了，下面就可以根据分镜头的提示来制作完整的动画了。

(1) 一个完整的 Flash 动画一般分为 3 个场景来制作。第一个场景放置“进度条”。当 Flash 发布到网络中，用户观看的时候，浏览器中要等待影片开始，这个时候就要制作进度条提示大家影片还要等待多久可以观看。第二个场景为“正片开始”。最后一个为“结束字幕”。

(2) 在动画的合成中，要避免时间轴的混乱，凌乱的时间轴会给修改动画带来极大的困难。我们可以将每个做好的镜头分别放到一个元件中，放到一层里。也可以将每个镜头放入时间轴的文件夹中。还可以分别放到图层中，如图 9-11 所示。

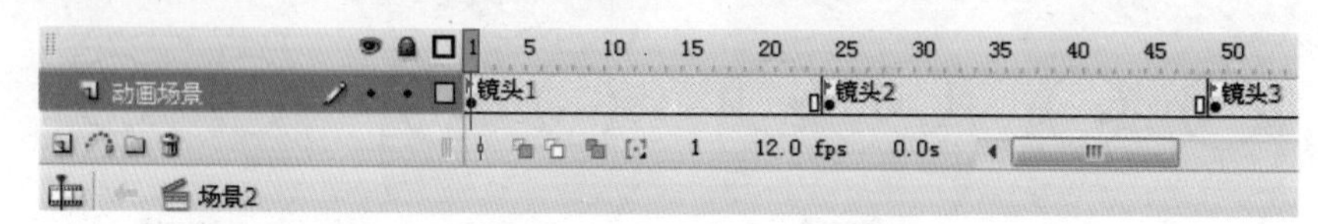

图 9-11

在图 9-11 的时间轴中多了一些小旗子，可以帮助大家查看镜头的所在位置。任意选中时间轴上的一帧，打开属性窗口，如图 9-12 所示。

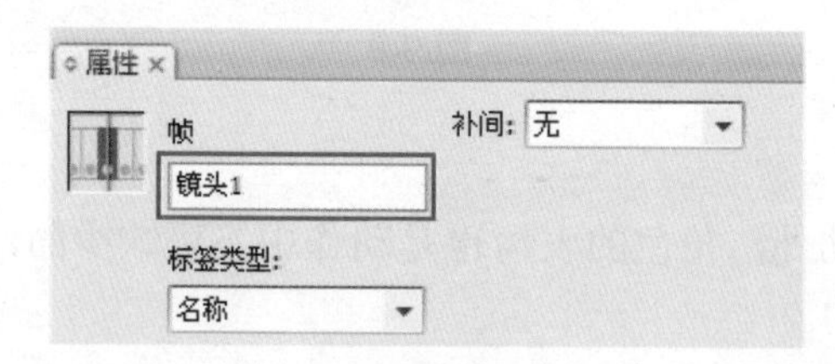

图 9-12

用文件夹规范时间轴如图 9-13 所示。

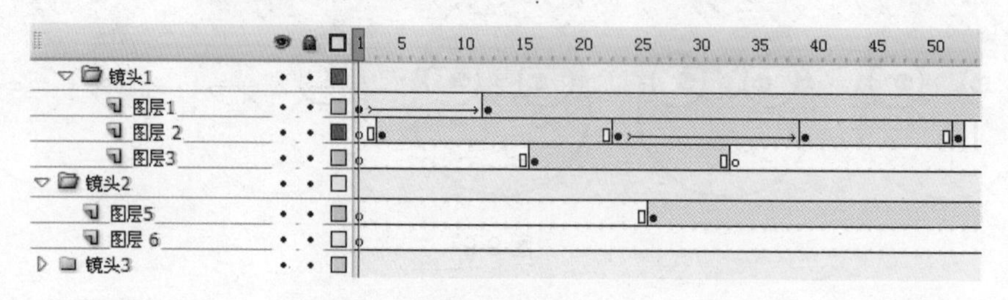

图 9-13

分层规范时间轴如图 9-14 所示。

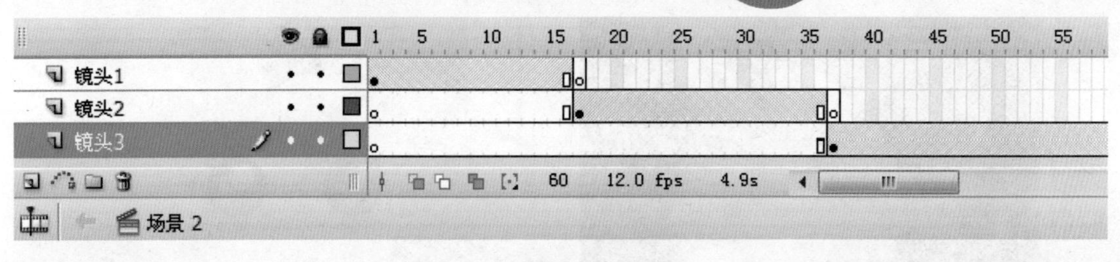

图 9-14

(3)“库”面板的应用。除了规范时间轴外，“库”面板中的元件也要命名规范。切忌用默认的“元件 1”、“元件 2”等。在“库”中元件不允许重名，否则会出现提示框，如图 9-15 所示。

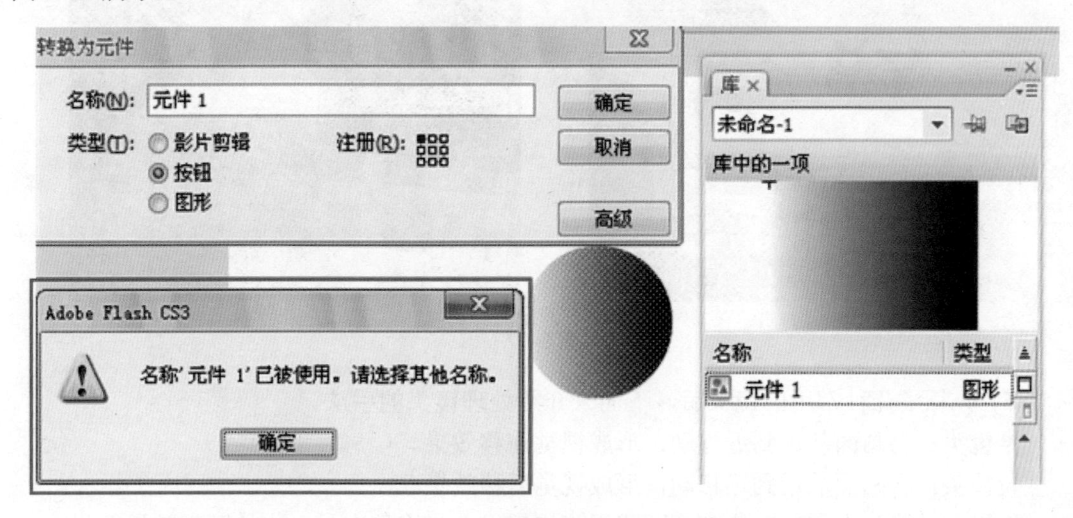

图 9-15

还可以用新建文件夹的方式来防止元件重名被替换。点击“库”窗口右上角的图标，选择新建文件夹，将任意一个重名的元件放入文件夹内即可，如图 9-16 所示。

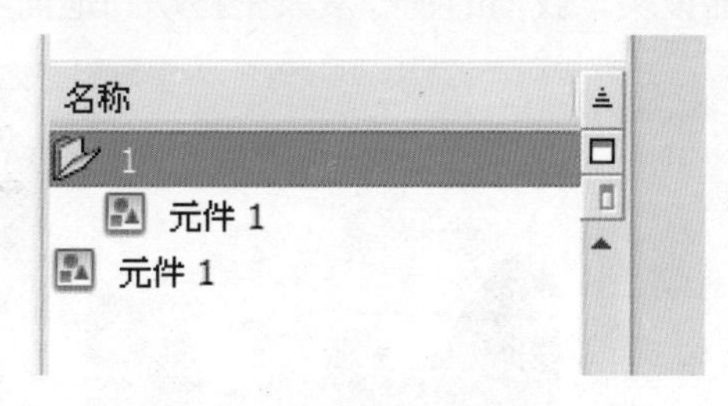

图 9-16

(4)“时间轴”和“库”的概念讲完后，我们要对镜头感加以理解。动画中常用的几种镜头如图 9-17 所示。

图 9-17

(5) 介绍了几种常用的镜头后，下面来介绍处理镜头的手法。

推镜头：将画面从远到近移动，形成视觉前移效果。

拉镜头：将画面从近到远移动，形成视觉后移效果。

摇镜头：犹如人们转动头部环顾四周或将视线由一点移向另一点的视觉效果。

移镜头：画面始终处于运动之中，画面内的物体不论是处于运动状态还是静止状态，都会呈现出位置不断移动的态势。

动画刚开始是一个摇镜头，我们的视线从天空移动到地面上，如图 9-18 所示。

摇镜

图 9-18

来到地面后，我们又做了一个推镜头，将远处的房屋推动到近处，如图 9-19 所示。

推镜

图 9-19

镜头切换至屋内，镜头先对准角色，然后拉动镜头，让室内的环境全部呈现出来，如图 9-20 所示。

拉镜

图 9-20

“地震了你还会牵我的手吗”这个动画中，没有涉及到移镜的运用。这里我们用“魂斗骡”这个作品为例，展示下移镜的运用。我们可以看到，手持 AK47 的主角凸凸驴，始终保持在舞台中间进行奔跑，但背景进行了前移变化，这就是移镜的运用，如图 9-21 所示。

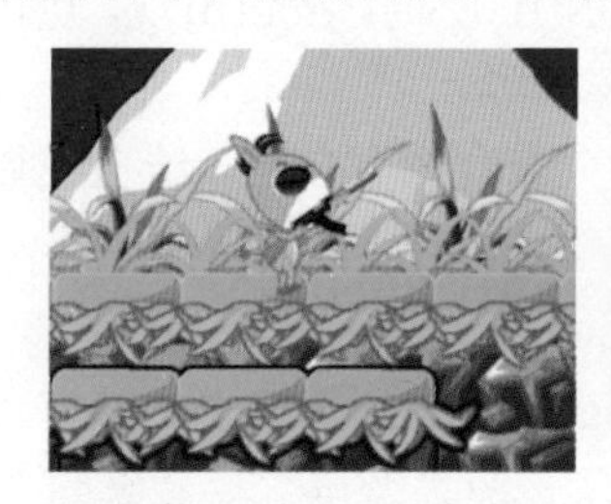
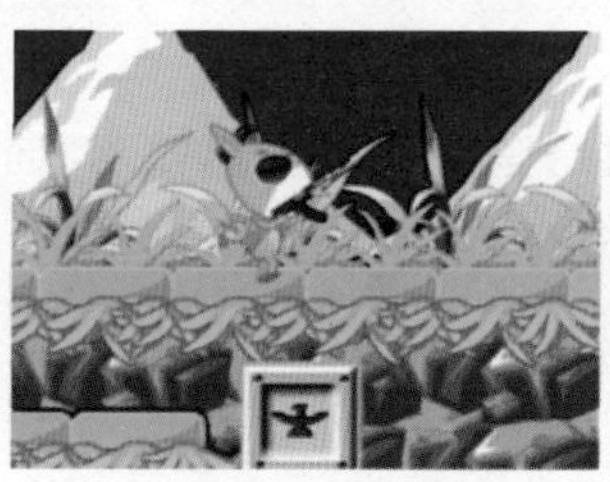

移镜

图 9-21

善意的提示

除了掌握以上几种镜头的处理方法，切换镜头也是非常重要的，不要“一镜到底”，这样会使人产生对画面的疲惫感和单调感。

6. 制作进度条读取画面

发布到网络中的 Flash 动画在开始前，需要制作一个 loading 等待动画下载完毕，如图 9-22 所示。

图 9-22

(1) 已经读取完毕的进度条，同时文本框中的数值也显示了 100%，说明这个动画已经在网络中下载完毕了。

(2) 图中的 play 是一个按钮，当进度条读满，文本框显示 100%时，按钮出现。点击 play 后动画开始播放。

(3) 可以在屏幕的任意地方打一些文字，自报家门，向大家介绍下自己，给自己做一些宣传，从而让更多的人认识你和你的动画。

详细的 Loading 制作方法会在后面的 ActionScript3.0 代码篇介绍。

一个三分钟左右的完整 Flash 动画，如果没有做 loading 就发布到网络中，就有可能出现下列情况。当用户在网络中观看你的动画时，首先会出现一段“蓝屏”。“蓝屏”一段时间后动画就会正常播放。但往往在这段蓝屏时间观看动画的用户早已经关闭了这个动画，以为其是错误不可播放的。

善意的提示

制作 Loading 画面时，也要注意 Loading 画面不要过于复杂，否则在 Loading 画面出现之前，也会出现几秒钟的蓝屏现象。

7．制作动画结束画面(见图 9-23)

图 9-23

(1) 将滚动的字幕放入一个元件中，放置在画面的适当位置。

(2) 在结尾处的文本我们可以做一个超链接，如邮箱、博客。做了链接的文本框在源文件的文字下方会出现一些小点点。点击选中的文本框，在属性面板中进行设置，如图 9-24 所示。

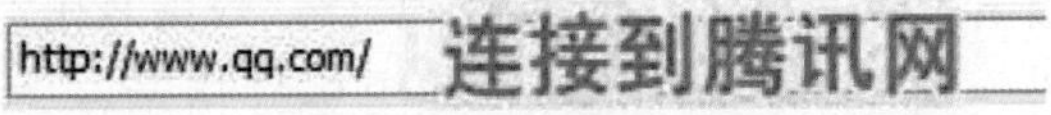

http://www.qq.com/　连接到腾讯网

图 9-24

8．添加动画的音乐音效

一个完整的 Flash 动画，已经具备了精美的画面和精彩的故事情节，此时动画已经完善到了 80%。其余的就是我们给动画加入背景音乐、动画音效和配音了。

如果说“创意剧情”赋予了动画的骨架结构，“画面”赋予了动画生命，那么“音乐”则赋予了动画灵魂。往往出色的动画音乐效果可以让一个动画达到 150%的试听享受。

下面就来介绍一下 Flash 中的声音处理。

Flash 中支持的声音格式有：WAV（仅限 Windows）、AIFF（仅限 Macintosh 苹果机）、MP3（Windows 或 Macintosh）。

在 Flash CS3 软件中按快捷键<Ctrl+R>导入一段音乐。选中时间轴，在“属性”窗口中添加声音，如图 9-25 所示。

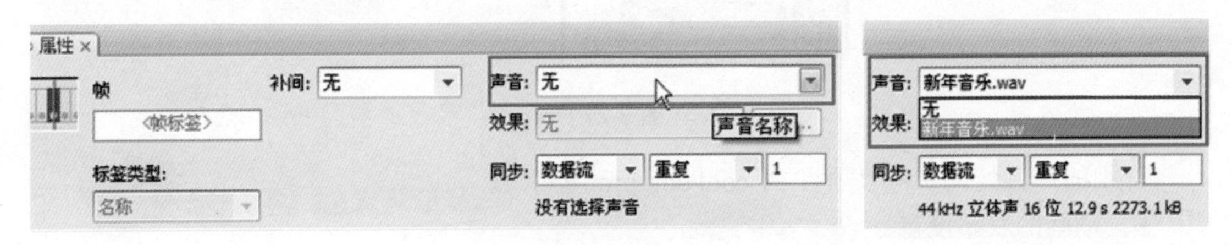

图 9-25

事件：将声音和一个事件的发生过程同步起来。事件声音会在开始帧播放，其不会受到时间轴长度的限制，而自动播放完整段声音。若在声音中间播放，声音不会响起。事件一般用于按钮，或影片剪辑中，如图 9-26 所示。

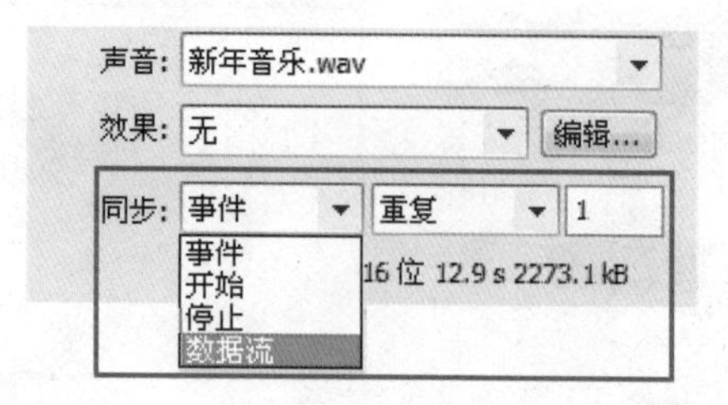

图 9-26

开始：与“事件”选项功能相似，如果声音正在播放中，新的声音不会播放。

数据流：将声音与动画同步，在制作动画时，背景音乐、音效、配音等都要同步于数据流。

声音的压缩处理

若 Flash 在网络中播放，首先就要考虑到文件的大小。压缩声音就是减小源文件大小的方法之一。压缩比率大、取样率低的文件占用空间就小，声音质量就会变差。相反所占空间大，声音质量就好。

按快捷键<Ctrl+L>调出“库”窗口，找到音乐文件，双击音乐文件前的“小喇叭”图标，进入到“声音属性”窗口编辑压缩选项，如图 9-27 所示。

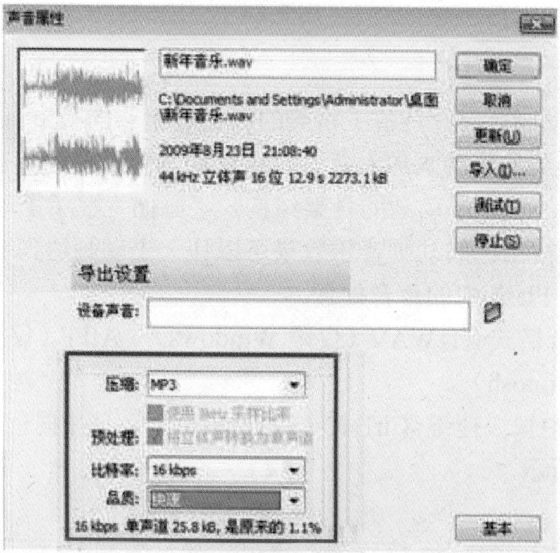

图 9-27

详细的声音处理参考“项目 31 cool edit pro 应用”。

9. 动画的发布设置

动画制作完毕后，按快捷键<Ctrl+Enter>测试影片，Flash 软件会自动生成一个“.swf”后缀的直接播放文件。

我们还可以进行动画发布的高级设置。

在舞台的“属性”窗口中选择“发布：设置”按钮来设置发布的更多选项，如图 9-28 所示。

大小: 550 x 400 像素
发布: 设置...

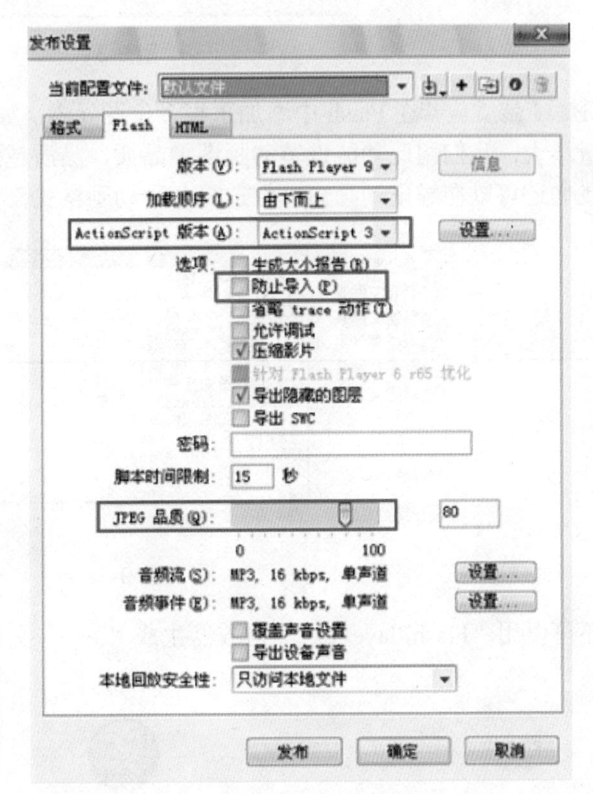

图 9-28

ActionScript 版本设置：随着 Flash 版本不断的更新，Flash 的动作脚本也随之完善。Flash CS3 中已经将动作脚本更新至 3.0 版本，在这里可以更改代码版本，如图 9-29 所示。

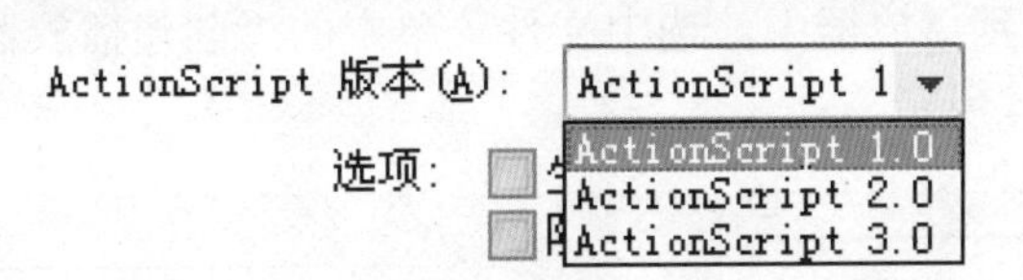

图 9-29

防止导入：勾选“防止导入”命令后，可以在“密码框”中输入密码，如图 9-30 所示。

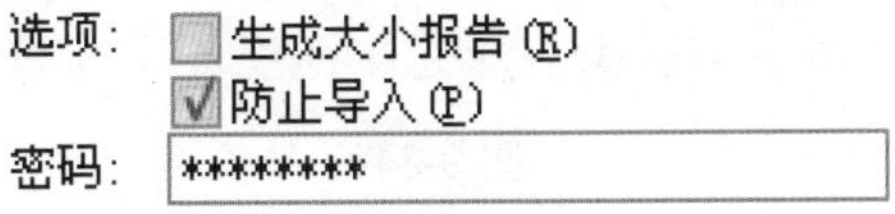

选项: 生成大小报告(R)
防止导入(P)
密码: ********

图 9-30

当带密码的 SWF 文件被导入到 Flash 源文件中时，会出现“导入所需密码”窗口，如图 9-31 所示。

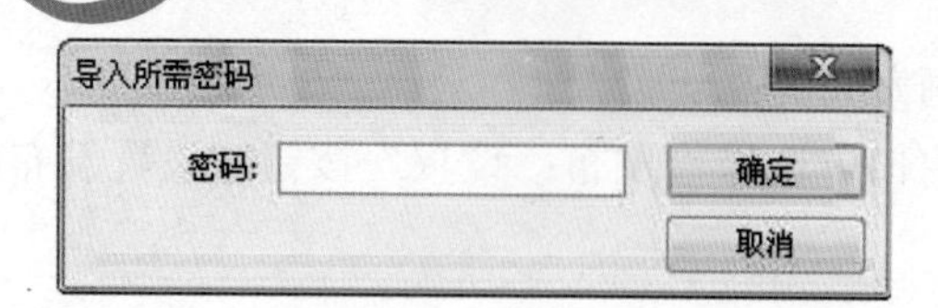

图 9-31

JPEG 品质：若在 Flash 中添加了很多位图元素（如 PS 处理过的背景），就会使 Flash 的容量增大，我们用此功能调节动画图像品质，品质越差，生成的文件越小。

我们还可以在导出动画窗口中选择各种动画格式，如图 9-32 所示。

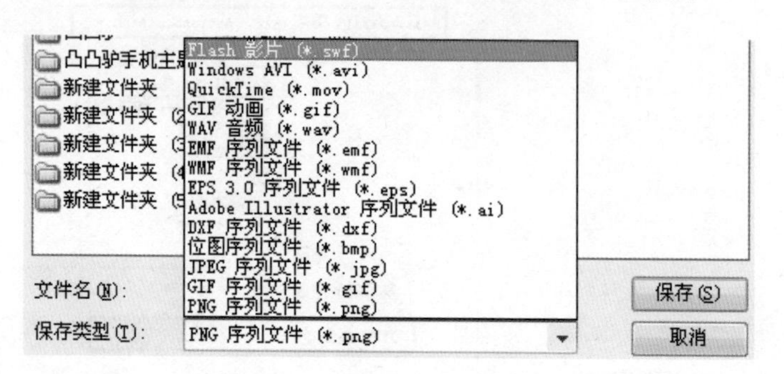

图 9-32

还可以用“FlashPlayer.exe”播放器生成“.exe”文件，如图 9-33 所示。

图 9-33

将 SWF 文件拖入到播放器中，选中文件菜单中的“创建播放器”命令，创建“.exe”可执行文件，如图 9-34 所示。

图 9-34

软件安装后在路径“Adobe Flash CS3\Players”中找到“FlashPlayer.exe”

10. 将动画上传到网络

动画输出完毕后，我们可以将动画上传至网络上，和大家一起分享你的作品。

但是有很多人并不知道在哪里发布自己的作品。下面就给大家介绍一下几大门户网站，通过它们来上传我们的作品。如图 9-35 所示，图中是闪吧、闪客帝国、TomFlash、腾讯 Flash 四大门户网站截面图。

图 9-35

打开门户网站后，首先在网站上注册一个用户，注册用户时一定要给自己起一个响亮的名字，这就是成为一个优秀闪客的第一步。

注册完用户名后，点击上传动画的按钮，填写相关信息后，即可上传动画，如图 9-36 所示。

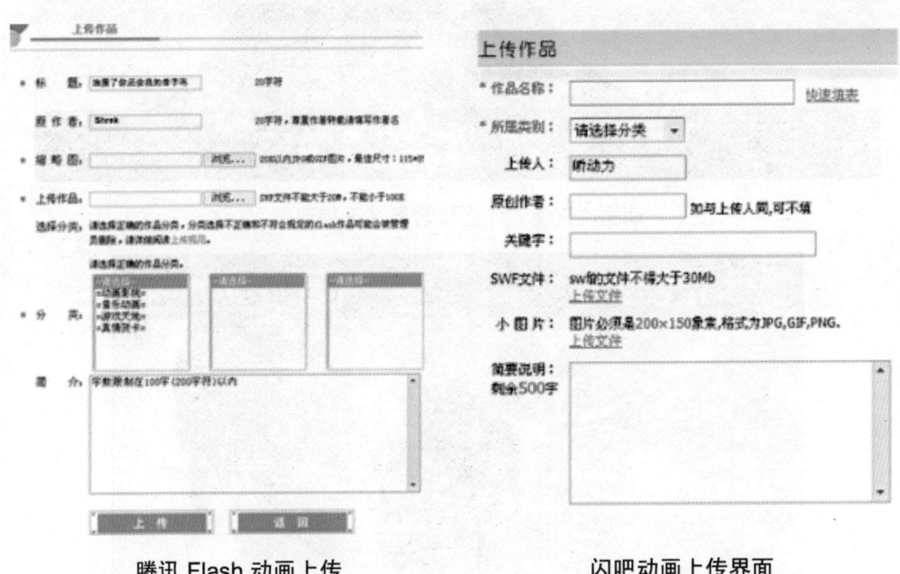

腾讯 Flash 动画上传　　　　　　闪吧动画上传界面

图 9-36

各大网站的链接地址如图 9-37 所示。

http://flash.qq.com

http://www.flashempire.com

http://flash.tom.com

http://www.flash8.net

图 9-37

佳作推荐

动画“天使”作者杨若磊（天朝羽）

动画“闪界大战” 作者杨若磊（天朝羽）

动画“魔界英豪” 作者（牛小甲）

动画“魂斗骡”凸凸驴系列动画

国外经典作品（Michael Boomba）系列 flash

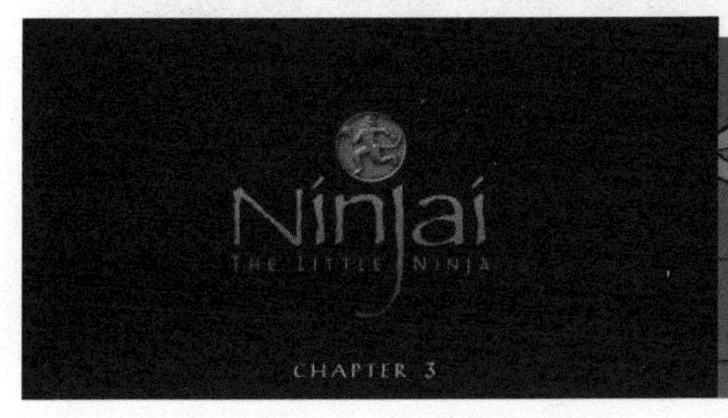

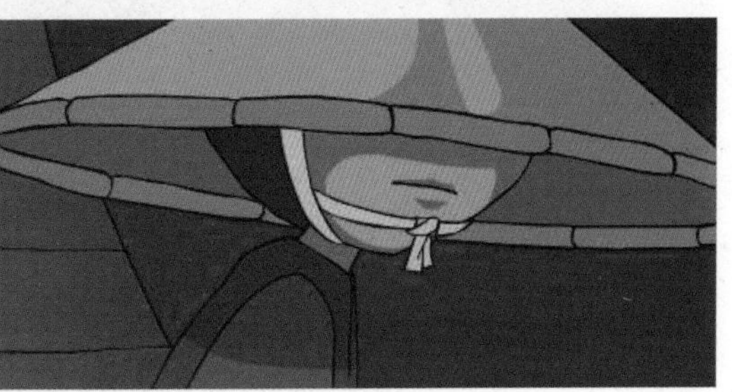

国外经典作品（武士 NINJAI）系列 flash

项目 15 新年动画

新年动画属于彩信动画的范围之内，其特点为画面美观，动作较为流畅。在较短的时间内体现动画的中心思想，简短易做。

学习目标

- 了解如何给动画角色分层做动作。
- 掌握鼠标绘制场景背景的技巧。
- 掌握基本的运动规律。
- 掌握幕布的绘制。
- 规范时间轴。

项目赏析

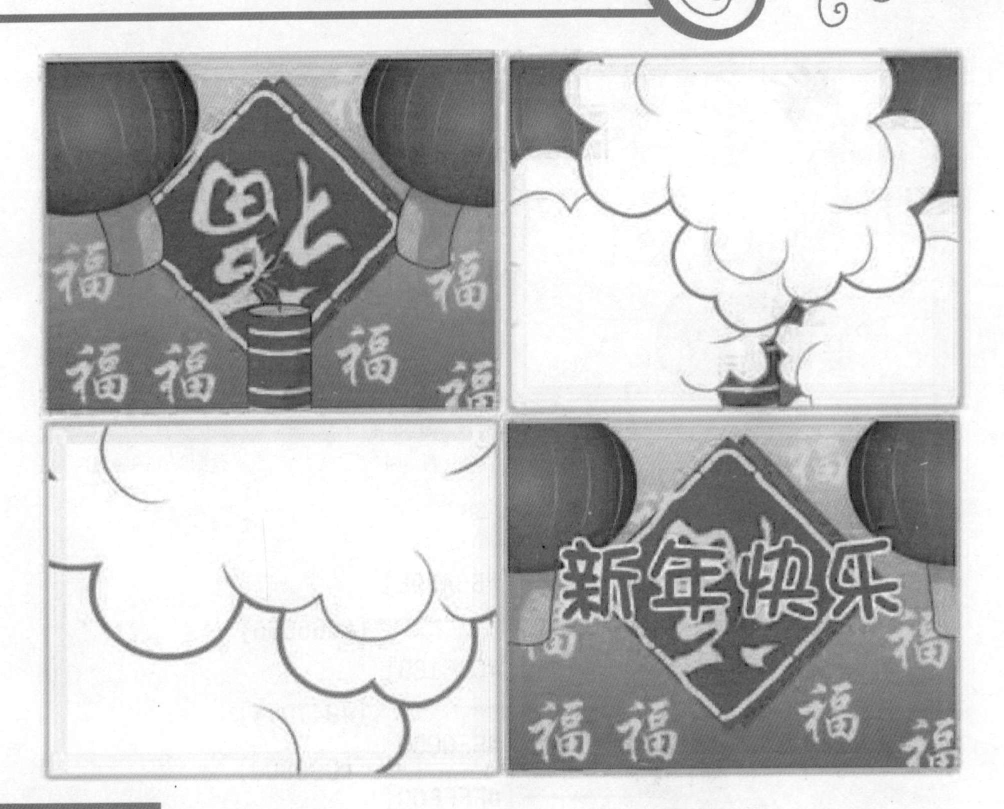

操作步骤

当我们制作一个新的动画时，要明确动画的中心内容，用最简洁的方式来表现出动画要体现出的内容，不要过于复杂。体现短小而精悍。

下面给动画设计一个小剧本。

(1) 主人公跳入画面，在镜头前跳动几次。

(2) 鞭炮入镜头，点燃爆炸。

(3) 爆炸结束，从烟雾中出现新年快乐的字样。

剧本设计完毕后，就来设计动画中的主人公。

人物大家可以自行设计，设计一个自己喜欢的形象。在我们的项目实例中，就用网络人气形象“凸凸驴”为例。

1. 绘制主人公

(1) 绘制主人公，在绘制人物形象的时候，按<Ctrl+G>键把每个绘制好的部位分别组合，然后分散到图层，如图 9-38 所示，颜色代码参考如图 9-39 所示。

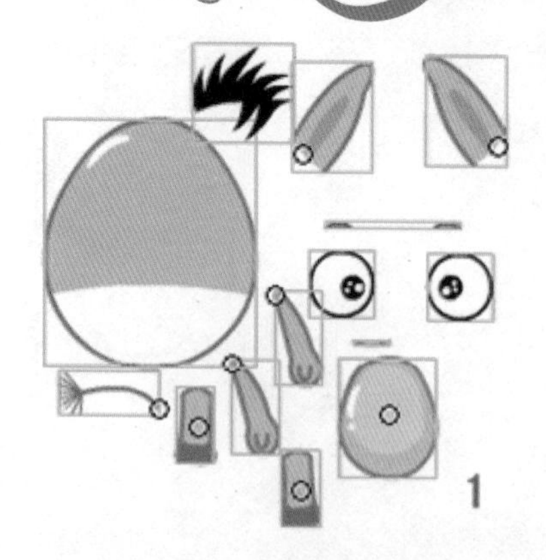

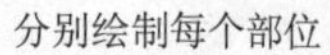

分别绘制每个部位　　组合到一起　　绘制新年的衣服

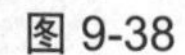

图 9-38

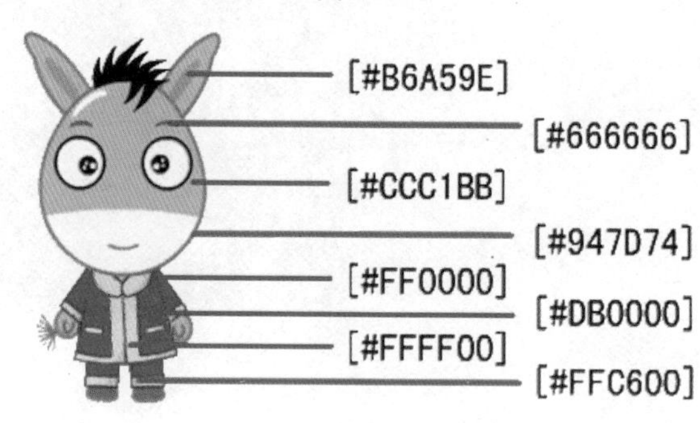

穿上衣服

图 9-39

(2) 选中“凸凸驴”并按<F8>键转换成图形元件，命名为“凸凸驴站立”。双击进入元件，将头发、五官、头、耳朵、身体、腿、胳膊、尾巴分别通过<Ctrl+G>键进行组合。选中所有图形，右击鼠标选择“分散到图层”命令，如图 9-40 所示。

头发
五官
头
耳朵
身体
腿
胳膊
尾巴
场景 1　凸凸驴站立

图 9-40

2．绘制动画中的背景

绘制动画中的背景如图 9-41 所示。

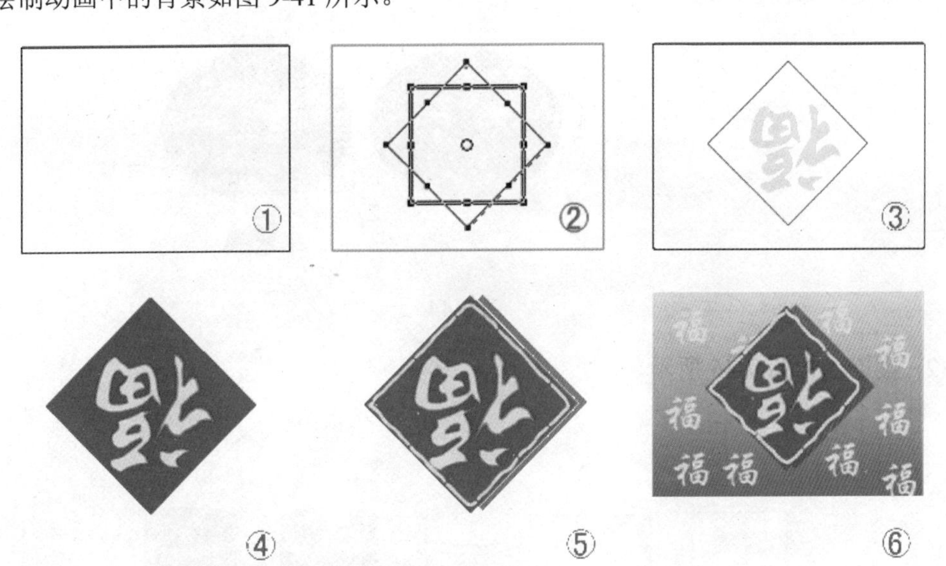

图 9-41

① 使用“矩形工具（R）”绘制一个矩形。

② 在矩形的中间绘制一个正方形，并用“任意变形工具(Q)”将其旋转。

③ 在正方形的中间使用“文本工具（T）”输入“福”字样，并打散文本框，将文字改为黄色，按<Ctrl+G>键将“福”字组合。用任意变形工具对其 180°旋转。

④ 双击进入“福”字组合，用“墨水瓶工具（S）”给字加边线，增强立体效果。线条颜色为深红色，笔触高度设置为 2。Alpha 值为 50%。

⑤ 用“墨水瓶工具（S）”给红色矩形加一个边线，选中边线并在属性面板里对其设置，点击“自定义笔触 自定义...”，如图 9-42 所示。

⑥ 将矩形填充一个渐变色，并复制很多个小“福”字，并调出颜色面板，如图 9-43 设置。

三个色块颜色数值为“#FD0B0B”、“#FF9900”、“#FFFF00”。

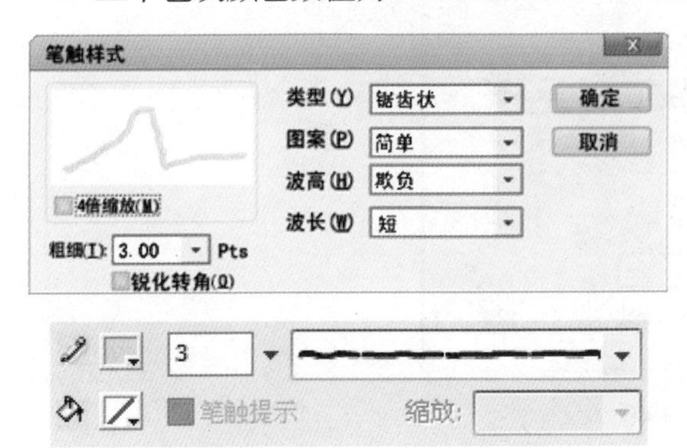

图 9-42

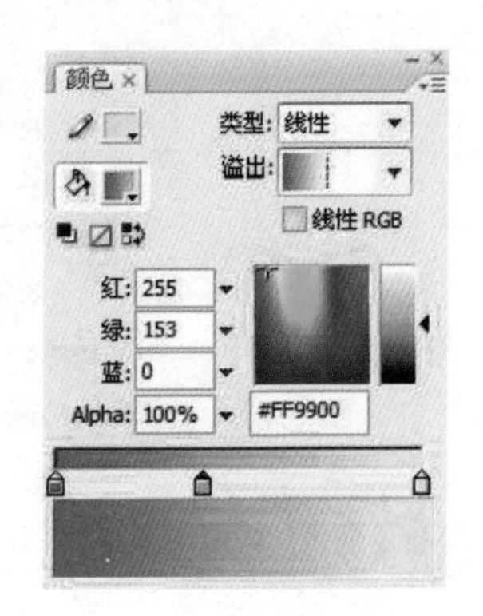

图 9-43

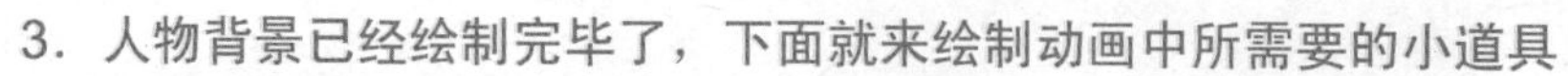
3．人物背景已经绘制完毕了，下面就来绘制动画中所需要的小道具

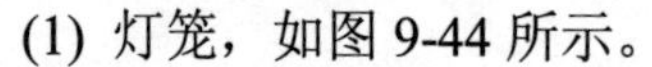
(1) 灯笼，如图 9-44 所示。

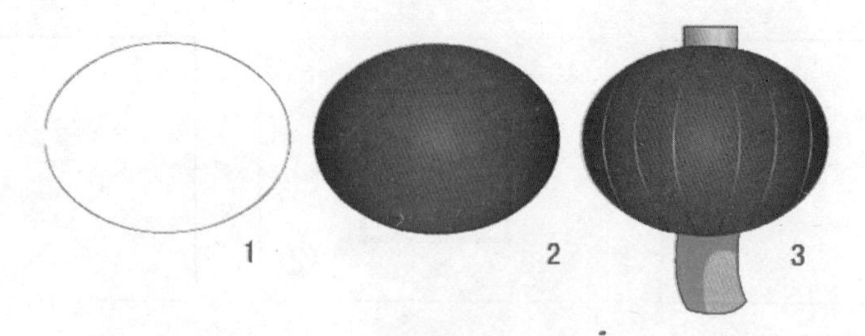

图 9-44

(2) 鞭炮，如图 9-45 所示。

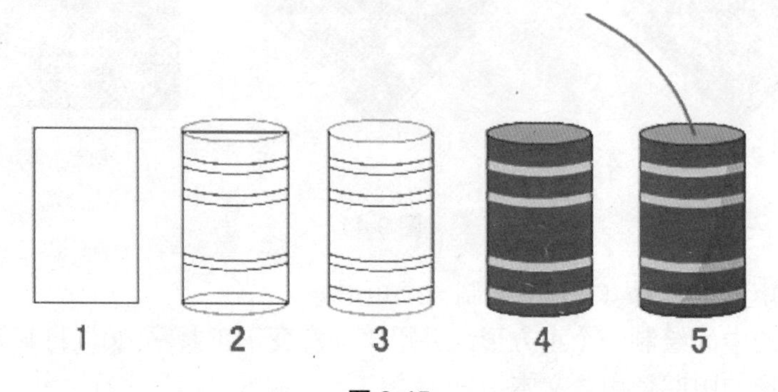

图 9-45

人物、背景、道具已经全部绘制完毕了，下面就开始制作并合成这个动画。

4．合成

Step 01 新建 Flash 文件。在属性窗口设置：舞台大小为 400×300 像素，背景颜色为白色。帧频率为 12 帧/s，如图 9-46 所示。

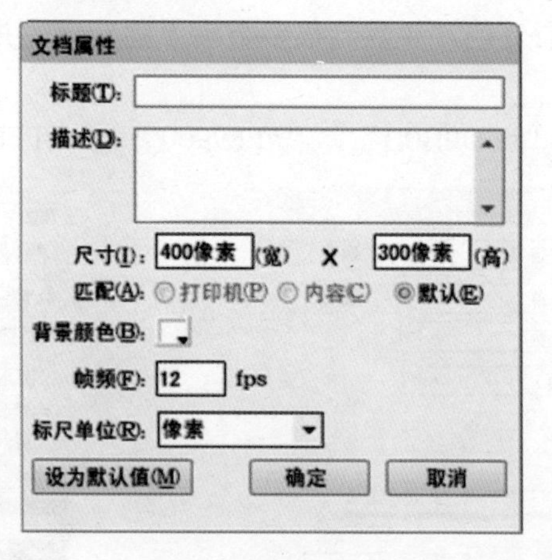

图 9-46

在我们制作完整的动画时，首先绘制一个黑色的遮挡，把舞台的后台遮挡住，这样就能减少动画的穿帮率。

Step02 按快捷键<Ctrl+Shift+Alt+R>调出标尺。鼠标指向标尺，点击标尺拖动鼠标，可以拖拽出绿色的辅助线，如图 9-47 所示。

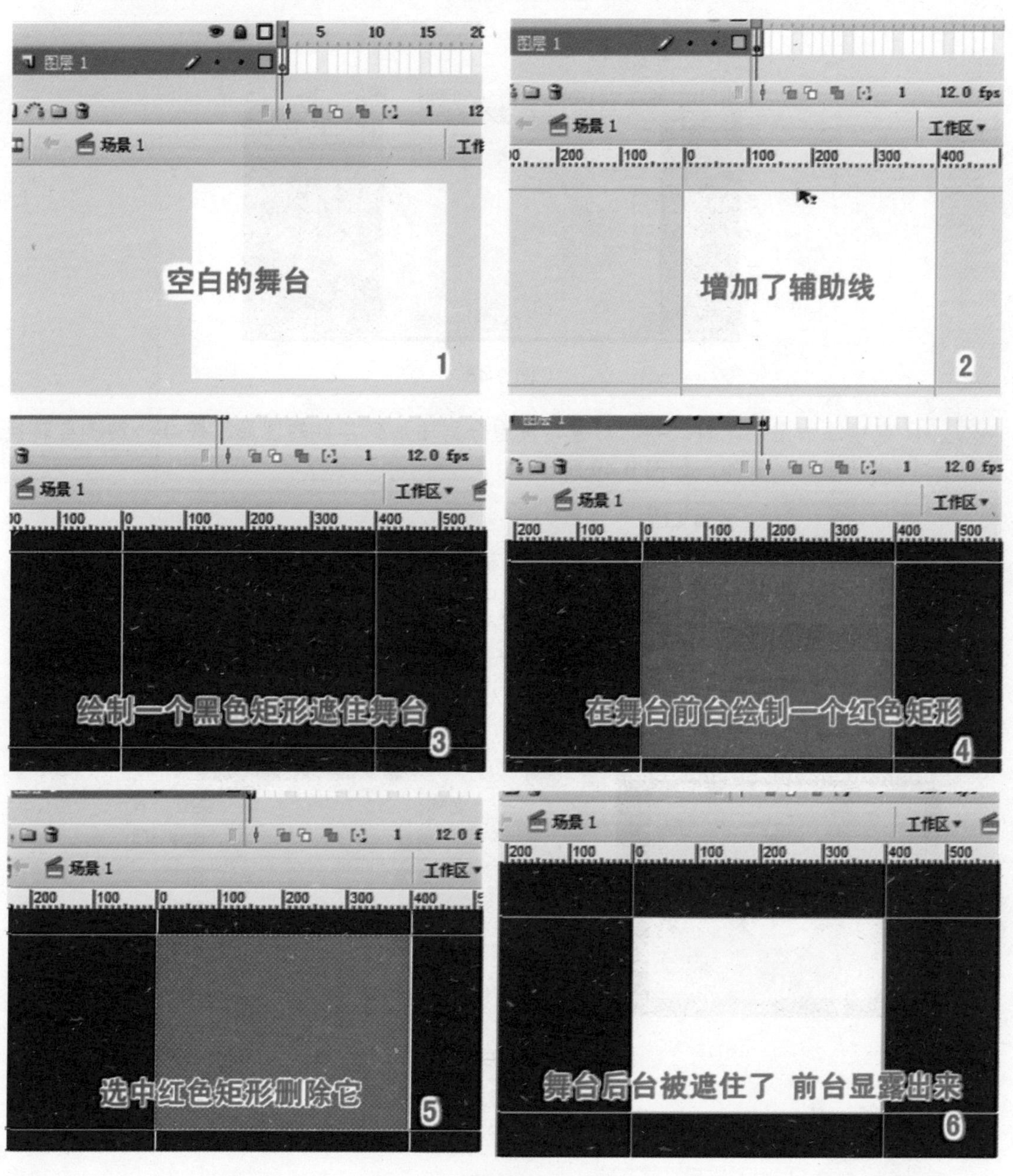

图 9-47

图形绘制完毕后，我们将此图层锁定。“图层 1”改名为“幕布层”。

Step03 点击“插入图层”添加一个新图层，命名为“背景层”。将绘制好的“背景”放置到背景层，用“任意变形工具”调整到适当的位置，并转换成“图形”元件，命名为“背景”，如图 9-48 所示。

图 9-48

Step 04 继续添加图层，将人物、灯笼、鞭炮分别添加到各自的图层。按<F8>键各自转换成“图形”元件，如图 9-49 所示。

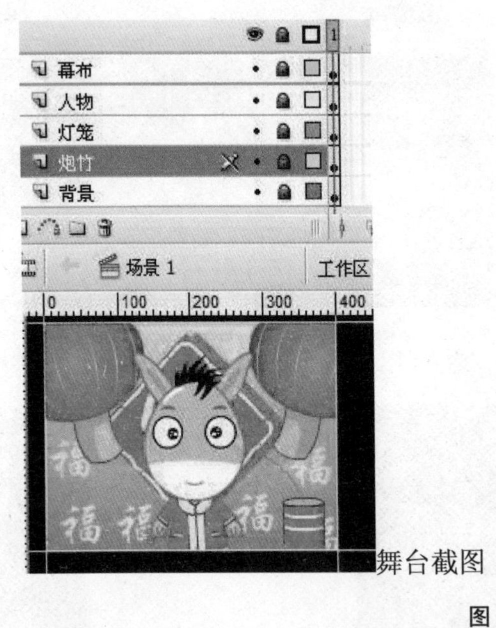

舞台截图

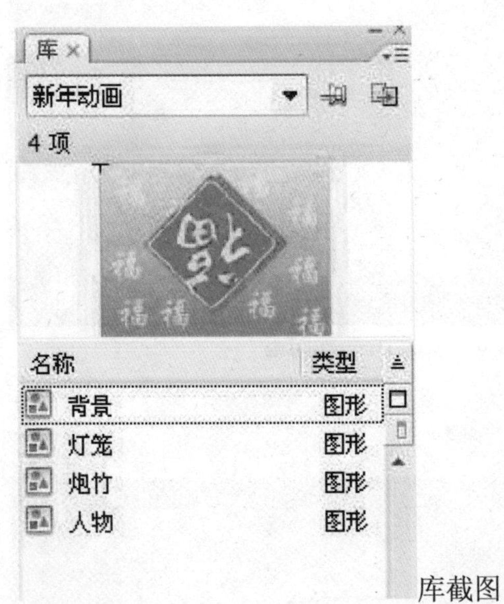

库截图

图 9-49

善意的提示
当我们添加图层的时候，要注意合理的安排“层序”，如果图层顺序安排错误，就会产生“灯笼”挡住“人物”的错误画面。

Step 05 在“库”窗口中，双击“灯笼”元件，进入到元件内部，对“灯笼”元件增加动画效果。让灯笼自然地左右飘动，如图 9-50 所示。

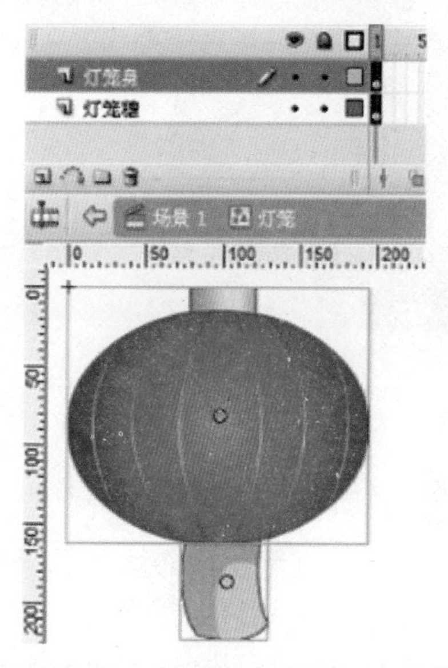

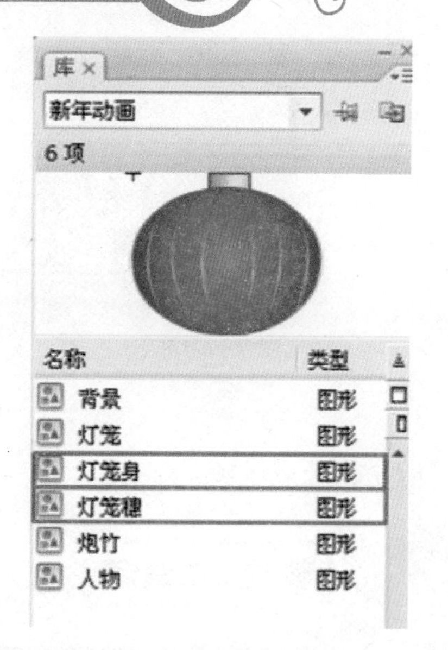

图 9-50

在"灯笼"元件内部分层，命名为"灯笼身"和"灯笼穗"，并将它们各自转换为"图形"元件。在图 9-50 的库中，又多了"灯笼身"和"灯笼穗"两个元件。

Step 06 双击进入"灯笼穗"元件，我们用逐帧动画来做"灯笼穗"的动画效果，用"选择工具"调整"灯笼穗"的左右飘动变化。图 9-51 为 1 到 12 帧的变化效果截图。

图 9-51

Step 07 回到"灯笼"元件中，我们在时间轴的第 15 帧、第 30 帧处按<F6>键插入关键帧。对灯笼的位置进行调整，如图 9-52 所示。

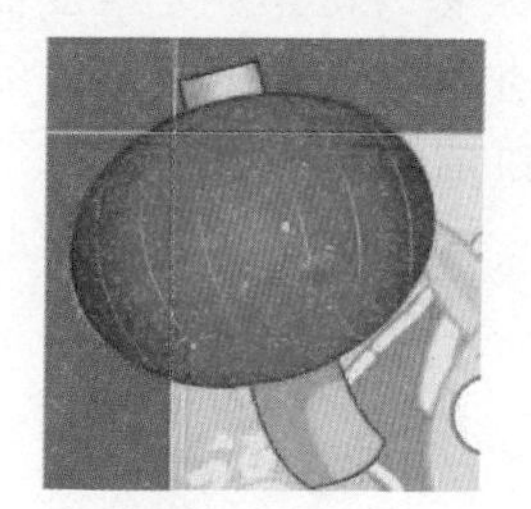
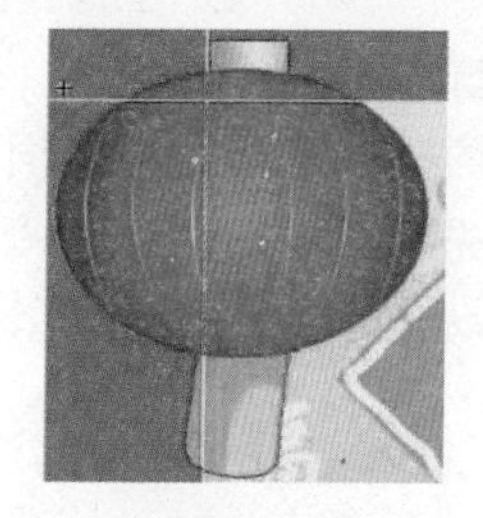
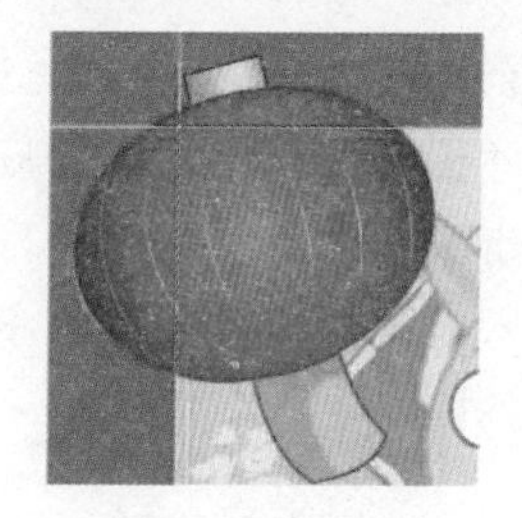

图 9-52

我们发现第 1 帧和第 30 帧的位置是完全一样的，那么只调整第 15 帧的位置垂直即可。在创建补间动画之前我们要调整"灯笼身"和"灯笼穗"元件的中心点位置，如图 9-53 所示。

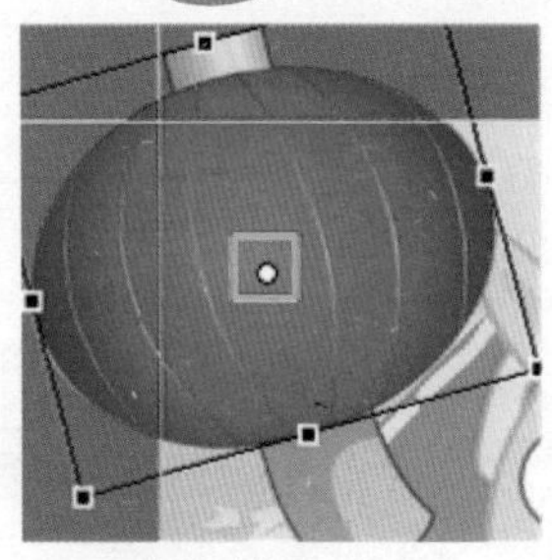

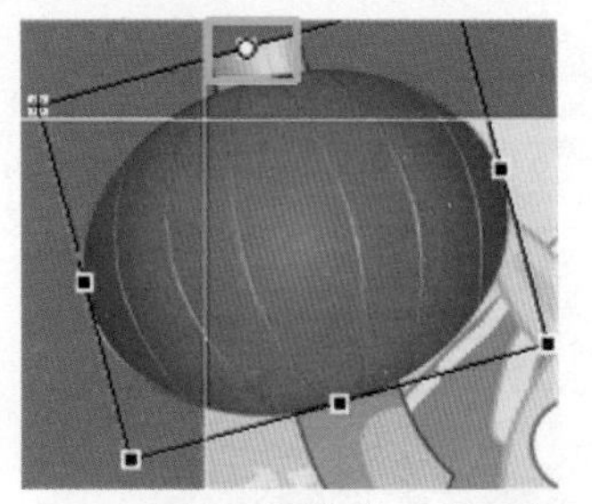

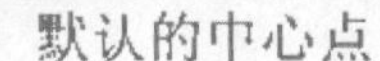

图 9-53

图 9-53 调整的是“灯笼身”，“灯笼穗”也一样，中心点调制顶部。

注意要把所有关键帧上的中心点统一位置。如果有的中心点在中间，有的在顶部，创建补间动画后会出现运动规律的错误。

Step 08 中心点调制完毕后，在时间轴上创建补间动画，如图 9-54 所示。

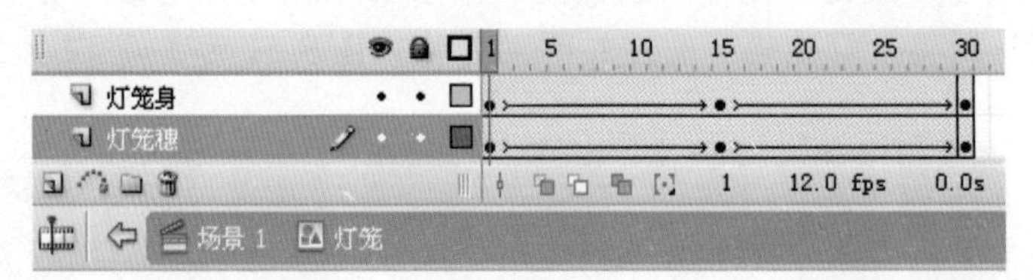

图 9-54

灯笼的动画就制作完毕了，当我们返回到舞台，按<F5>键增加一些帧，就可以看到左右飘动的灯笼了。

Step 09 在“库”窗口中双击进入“人物”元件，编辑人物的动作。之前我们已经将人物“凸凸驴”的五官和身体进行了分层，现在我们把每层的图形，按<F8>键分别转换成“图形”元件，与相应的“层名”命名相同即可。

Step 10 双击进入“胳膊”元件，先将两肢胳膊的中心点调整到顶部，在第 4 帧、第 6 帧插入关键帧，做一些简单动作，如图 9-55 所示。

第1帧

第4帧

第6帧

图 9-55

Step 11 双击进入“五官”元件，让两只眼睛眨一眨，在时间轴的第 10 帧、12 帧处插入关键帧。先按<Ctrl+B>键打散原来组合，按图 9-56 进行调整。

第1帧

第10帧

第12帧

图 9-56

Step12 返回到“人物元件”，在“人物”元件的时间轴上的第 8 帧处插入关键帧。将第 8 帧处的所有元素选中并向下移动一些。复制时间轴的第 1 帧，粘贴到时间轴的第 16 帧上，并创建补间动画，如图 9-57 所示。

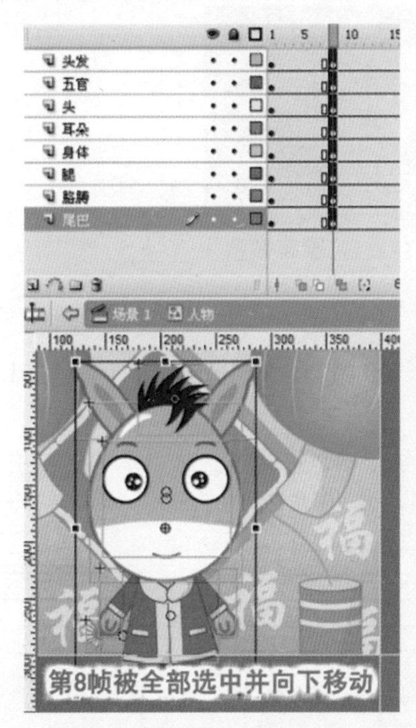

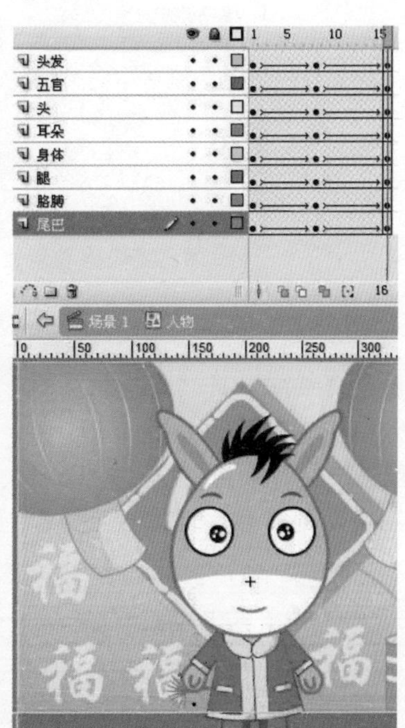

图 9-57

Step13 回到场景一，先选中“炮竹”，按<Del>键暂时删除它，在时间轴第 100 帧处按<F5>键插入帧，如图 9-58 所示。

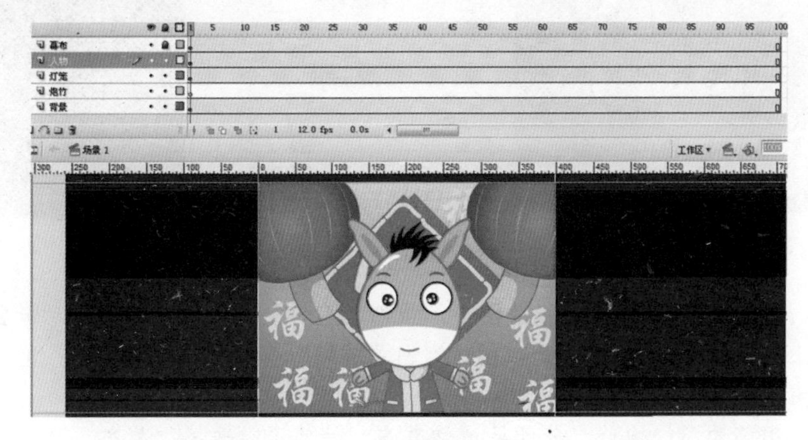

图 9-58

Step 14 让“凸凸驴”在舞台中从左到右移动，在人物图层的第 15 帧、30 帧、60 帧处插入关键帧。按图 9-59 进行操作，移动人物所在的位置。

第1帧　　第15帧　　第30帧

图 9-59

位置移动完毕后，将“人物”层的 1～60 帧，创建补间动画。并在 61 帧处按<F7>键插入空白关键帧。

Step 15 在“炮竹”层的第 45 帧处按<F6>键插入一个关键帧。从“库”窗口中选中“炮竹”元件，拖动到舞台后台的右上方。按图 9-60 步骤进行操作。

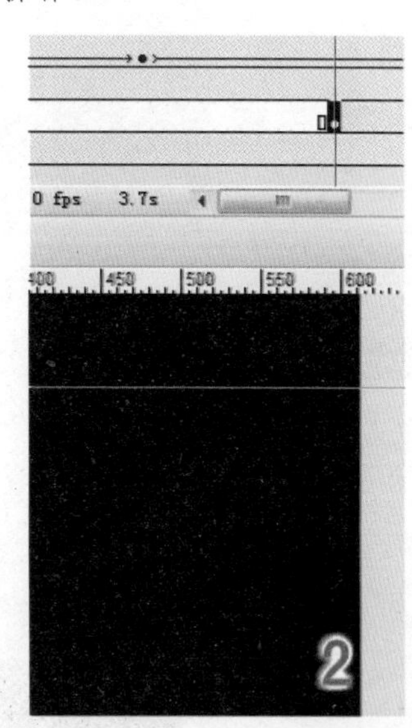

图 9-60

我们发现图 9-60 的第 2 张截图中，虽然“炮竹”元件已经导入到“舞台后台”的右上方，时间轴的 45 帧处也由“空白关键帧”变为了“关键帧”。但是我们并没有看到“炮竹”元件。

原因很简单，“炮竹”元件是被“幕布”挡住了。选择“幕布”层，点击隐藏图层命令，如图 9-61 所示。

图 9-61

幕布隐藏了，又发现“炮竹”元件被“灯笼”挡住了，如图 9-62 所示。

图 9-62

这时候就需要移动图层来解决问题，按图 9-63 进行操作。

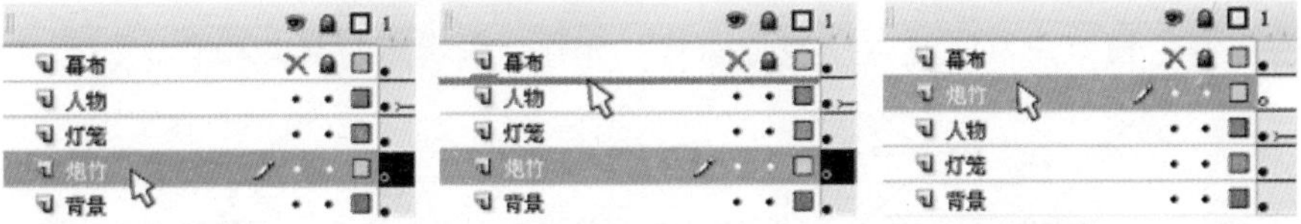

选中炮竹层　　移动炮竹层到人物层上方　　松开鼠标移动完毕

图 9-63

Step 16 点击“添加运动引导层”命令，给“炮竹”层添加一个引导线图层。在引导层第 45 帧处，按<F6>键插入关键帧。在此关键帧内画出引导线，如图 9-64 所示。

Step 17 在“炮竹”层第 70 帧处，按<F6>键插入关键帧，如图 9-65 所示。

图 9-64

图 9-65

Step 18 将“炮竹”层第 45 帧到 70 帧之间创建补间动画。在属性面板里设置。旋转：逆时针 2 次。并在“引导层”和“炮竹层”的第 71 帧处按<F7>键插入空白关键帧，如图 9-66 所示。

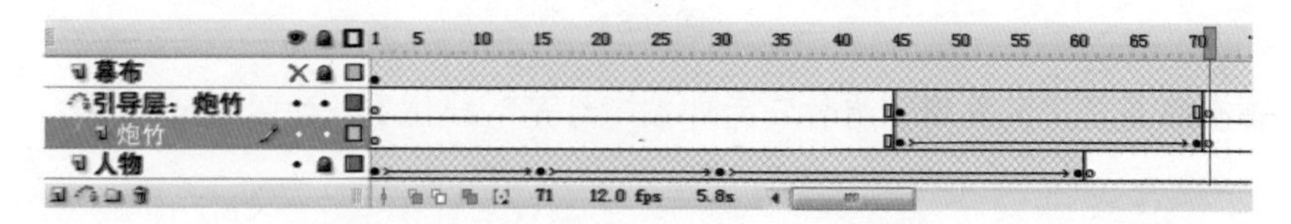

图 9-66

Step 19 按快捷键<Ctrl+L>调出库面板，选中“炮竹”元件，右击鼠标，选择“直接复制”命令后，弹出“直接复制元件”窗口，名称为“炮竹爆炸”，类型为“图形”，单击“确定”按钮，如图 9-67 所示。

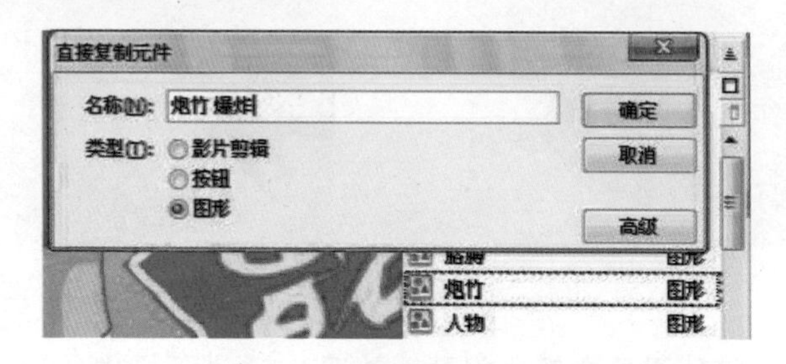

图 9-67

Step 20 在“库”窗口中双击进入“炮竹爆炸”元件，编辑炮竹爆炸动作，如图 9-68 所示。

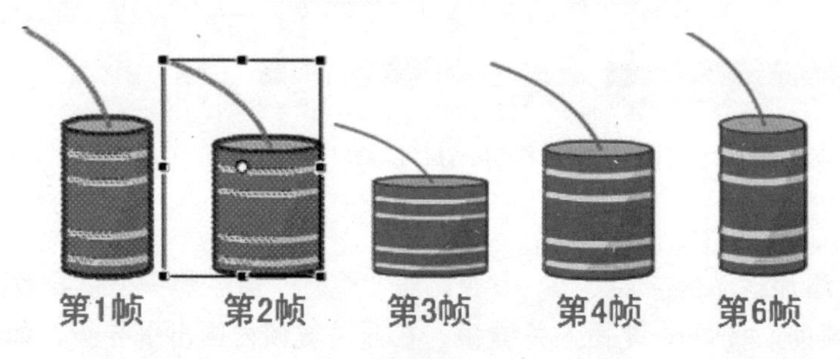

图 9-68

① 按快捷键<Ctrl+B>打散原有的组合。（如图 9-68 第 1 帧）

② 用“任意变形工具 （Q）”对其进行调整，按住<Alt>键水平缩放。将第 2 帧的炮竹变宽、压扁些。（如图 9-68 第 2 帧）

③ 继续增加压扁的幅度。（如图 9-68 第 3 帧）

④ 图 9-68 中的第 4 帧和第 6 帧与第 1 帧、第 2 帧相同，我们可以复制时间轴的第 1 帧和第 2 帧并粘贴到第 4 帧和第 6 帧的位置。（注意：复制关键帧的时候，只能鼠标右击当前帧，选择复制命令，不可用快捷键<Ctrl+C>进行操作）。

Step 21 “炮竹爆炸”元件的前 6 帧已经制作完毕，在时间轴的第 35 帧处按<F5>键插入帧。点击“插入图层 ”添加一个新图层。命名为“火花”层。

Step 22 在“火花”层第 15 帧处按<F6>键插入关键帧，画出火花。使用“刷子”和“直线工具”绘制图形，如图 9-69 所示。

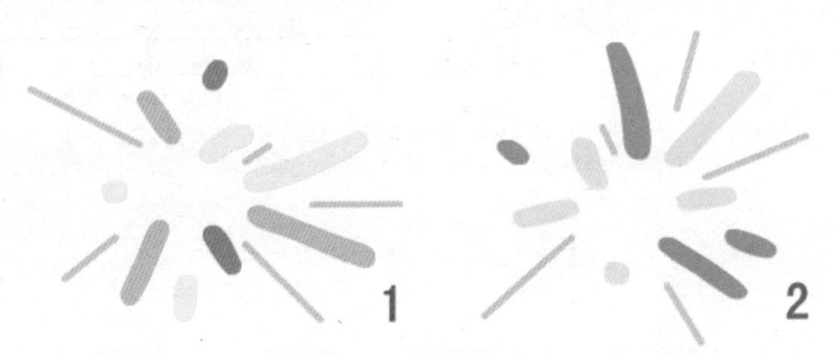

图 9-69

Step 23 选中绘制好的两个火花，按<F8>键转换为“图形”元件，命名为“火花”。双击进入“火花”元件，在第 3 帧处按<F6>键插入关键帧。将图 9-69 中的“火花 1”放置第 1 帧，“火花 2 放置第 3 帧”，用“洋葱皮效果”对齐 2 个火花的中心点，如图 9-70 所示。

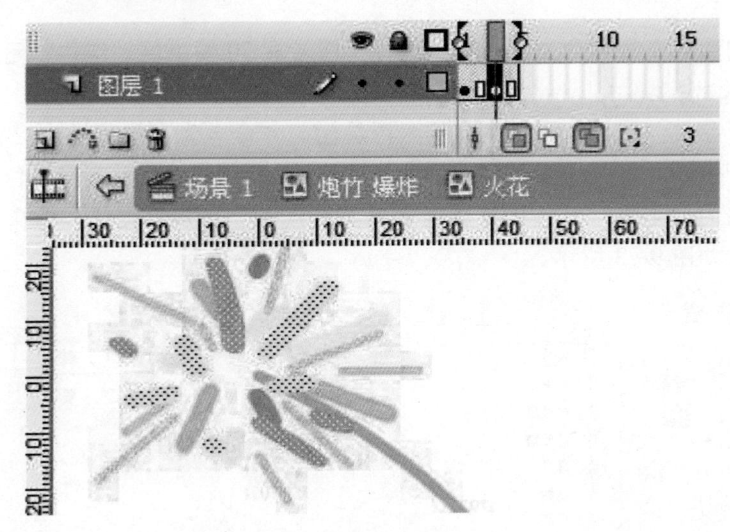

图 9-70

Step 24 返回到“炮竹爆炸”元件，在火花层的第 18、21、25 帧处按<F6>键插入关键帧。在 15 帧到 25 帧之间创建补间动画，如图 9-71 所示。

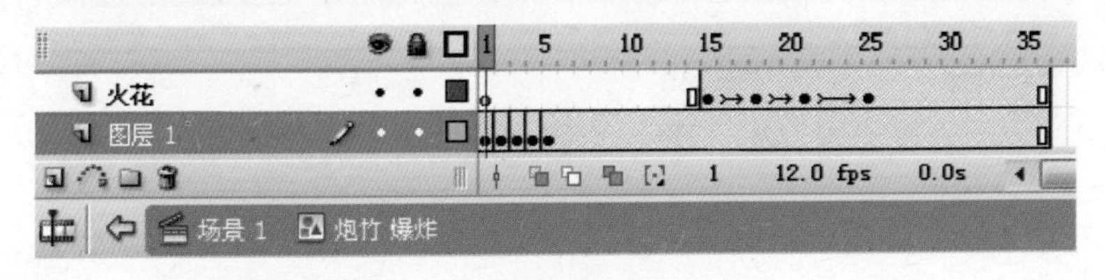

图 9-71

Step 25 “炮竹的引线”跟着“火花”元件移动的位置来调节，我们用“橡皮擦工具（E）”擦出“炮竹的引线”，将“图层 1”改名为“炮竹变化”，如图 9-72 进行制作。

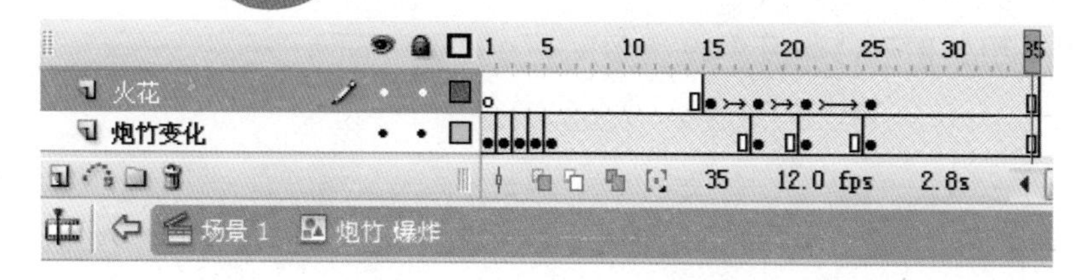

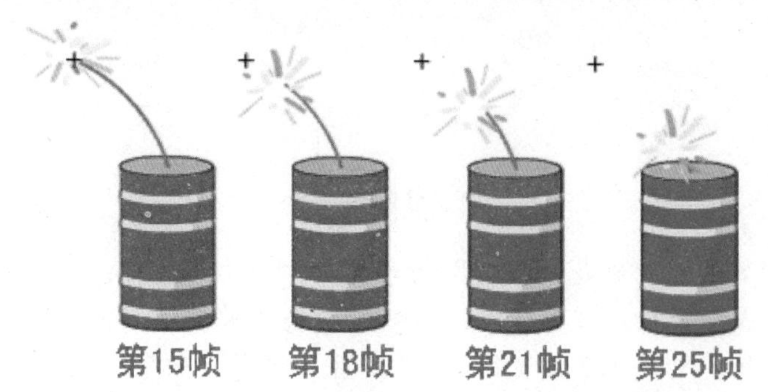

图 9-72

Step 26 返回到场景 1 的舞台上，选中“炮竹”图层第 70 帧上的“炮竹”元件，按快捷键<Ctrl+C>复制。

Step 27 在“引导层：炮竹”图层上方插入图层，并命名为“炮竹爆炸”层。在该层 71 帧处，按<F6>键插入关键帧。按快捷键<Ctrl+Shift+V>粘贴到当前位置。选中这个刚粘贴的“炮竹”元件，在属性面板里，点击“交换”按钮，选择“炮竹爆炸”元件，如图 9-73 所示。

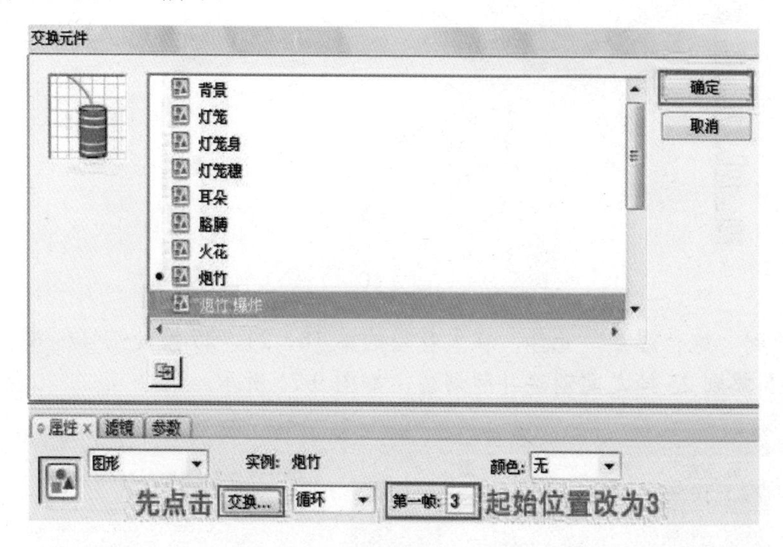

图 9-73

Step 28 在“炮竹爆炸”图层上方，“插入图层”命名为“烟雾”层。并在第 95 帧处按<F6>键插入关键帧，绘制烟雾。烟雾绘制好后，按<F8>键转换为“图形”元件，命名为“烟雾”，如图 9-74 所示。

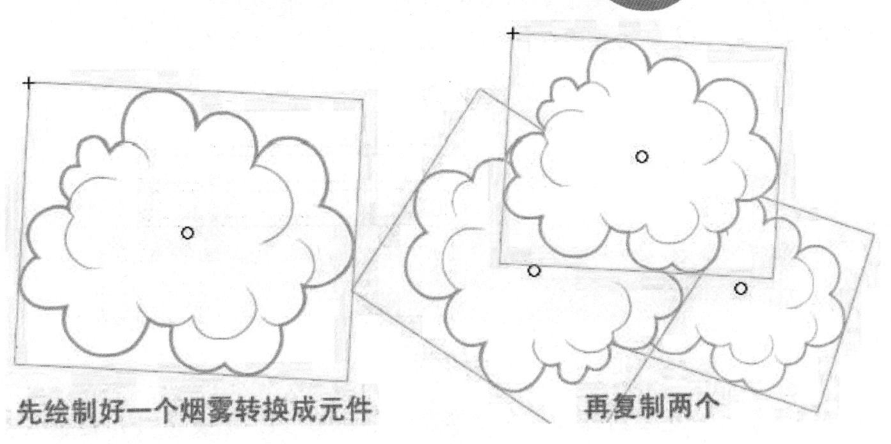

先绘制好一个烟雾转换成元件
再复制两个

图 9-74

Step 29 将三个"烟雾"元件选中，继续按<F8>键转换为"图形"元件，命名为"烟雾组"元件。进入"烟雾组"元件，选中三个"烟雾"元件，右击鼠标，选择"分散到图层"命令。三个元件被分别分层后删除"图层 1"。

Step 30 在"烟雾组"元件时间轴的第 4 帧、15 帧、20 帧处按<F6>键插入关键帧，并制作烟雾弥漫的效果，如图 9-75 所示。

① 将三个元件放置"炮竹爆炸"元件的位置上方，在属性面板里设置透明值 Alpha 为 0，如图 9-75 中的图 1 所示。

② 将三个"烟雾"元件放大一些，基本遮住舞台，并将它们用"任意变形工具（Q）"稍作旋转，如图 9-75 中的图 2 所示。

③ 将三个"烟雾"元件继续放大，完全遮住舞台。用"任意变形工具"稍作旋转。如图 9-75 中的图 3 所示。

④ 将三个元件的透明值 Alpha 设置为 0，如图 9-75 中的图 4 所示。

图 9-75

“烟雾组”元件时间轴截图如图 9-76 所示。

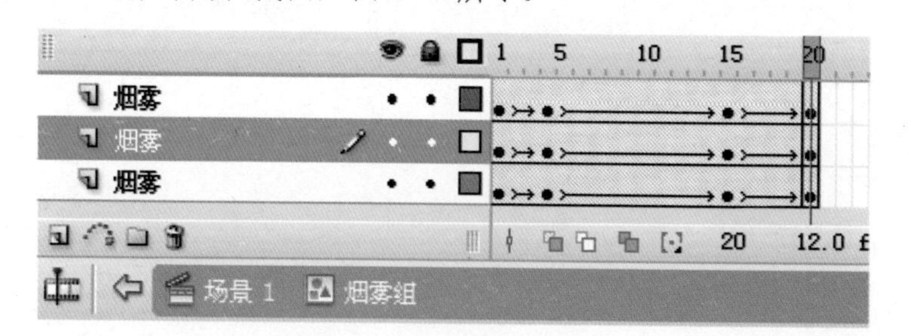

图 9-76

Step31 点击“场景 1”返回到舞台。在“烟雾”层的第 115 帧处按<F7>键插入空白关键帧。在“炮竹爆炸”层第 101 帧处按<F7>键插入空白关键帧。在“幕布”、“灯笼”和“背景”层第 150 帧处按<F5>键插入帧，如图 9-77 所示。

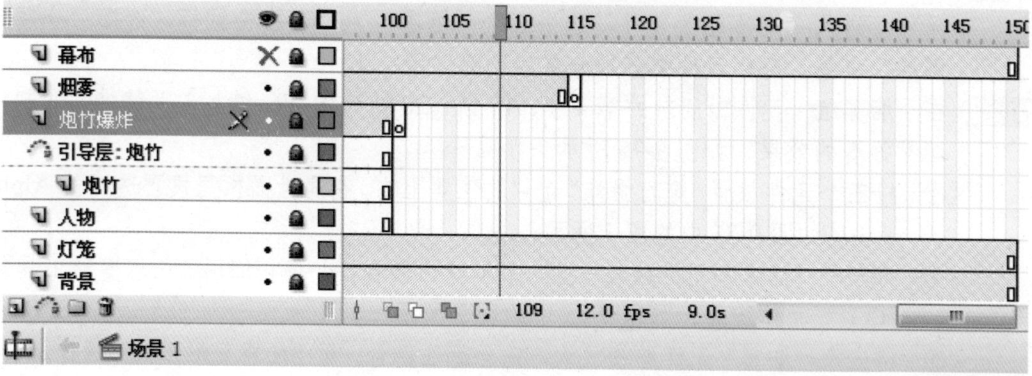

图 9-77

Step32 在“炮竹爆炸”图层上方，将“插入图层”命名为“文字”层。在“文字”层第 109 帧处按<F6>键插入关键帧。用“文本工具 T（T）”输入新年快乐如图 9-78 所示。

图 9-78

Step33 选中“新年快乐”文本，打开滤镜窗口，给新年快乐增加一个“发光”滤镜，如图 9-79 设置。

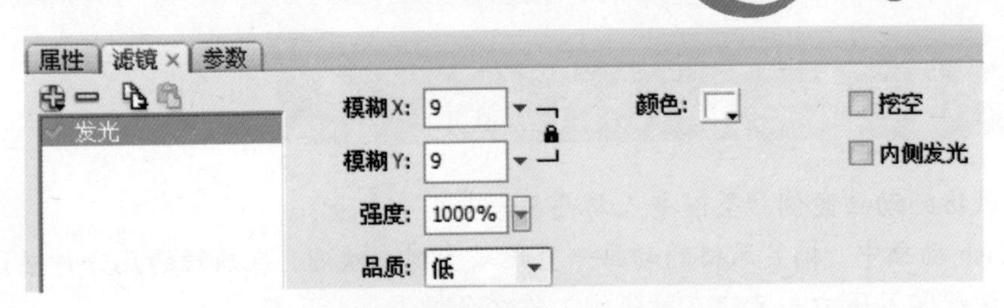

图 9-79

发光滤镜效果图如图 9-80 所示。

图 9-80

Step 34 按快捷键<Ctrl+R>导入一段背景音乐，选中“新年音乐.wav”导入到舞台。

Step 35 在“幕布”层的上方，将“插入图层”命名为“音乐”层。任意选中“音乐”层上的空白关键帧，在属性面板里，选择声音选项，选择“新年音乐.wav”，如图 9-81 所示。

Step 36 声音添加到“音乐”层后，我们给音乐做一个淡出的效果。在属性窗口点击编辑按钮，如图 9-82 所示。

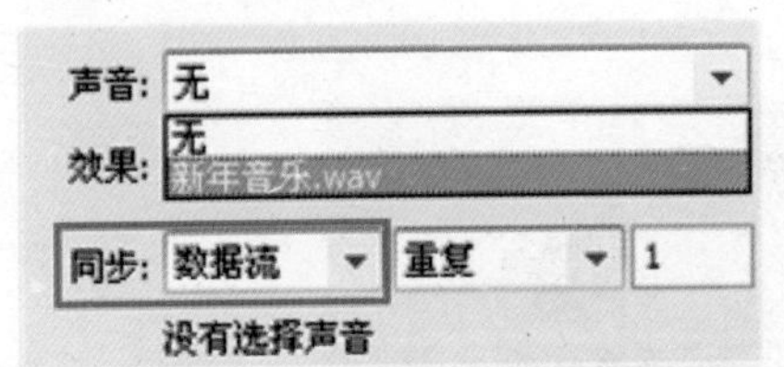

图 9-81

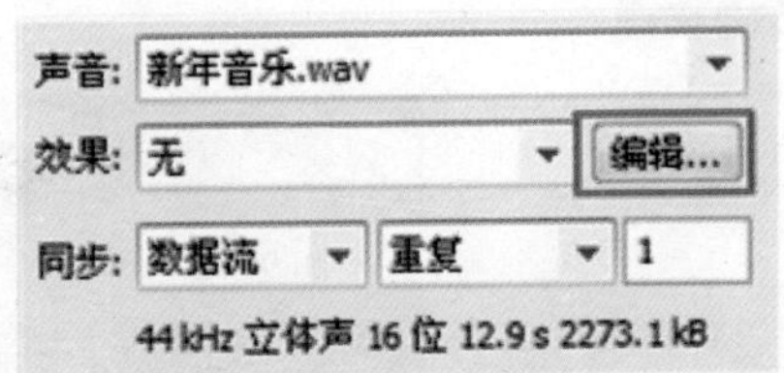

图 9-82

Step 37 在“编辑封套”窗口中选择淡出效果，如图 9-83 所示。

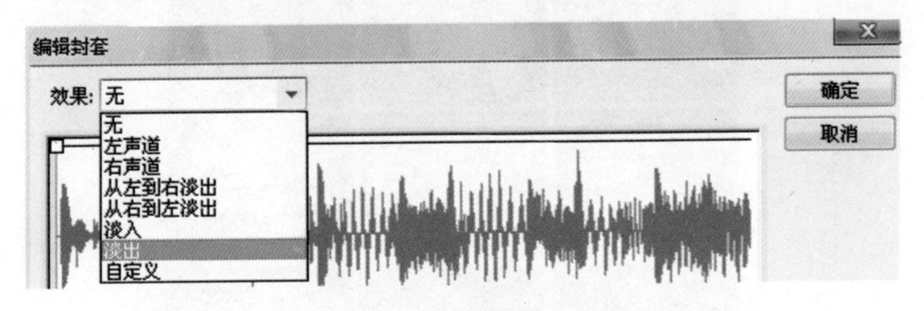

图 9-83

Step 38 按<Ctrl+Enter>键测试动画效果，保存文件。新年动画短片完成。

项目 16 圣诞老人与凸凸驴

搞笑风格的动画案例“圣诞老人与凸凸驴”实例解析。

在 Flash 动画中，搞笑风格的动画一直比较受观众欢迎。在短短的几分钟里让大家笑一笑，既能缓解学习压力，又能在紧张的工作之余增添一些乐趣。

在“圣诞老人与凸凸驴”这个动画实例中就来介绍一些搞笑表情和镜头处理的制作方法。

学习目标

- 加强鼠绘能力，掌握绘图技巧。
- 掌握基本运动的规律。
- 掌握近大远小的透视。
- 熟练运用元件直接复制和元件交换。
- 规范时间轴的应用。

项目赏析

操作步骤

Step 01 新建 Flash 文件（ActionScript 3.0）或按<Ctrl+N>键创建新文档。在属性窗口设置：舞台大小为 400×300 像素，背景颜色为白色，帧频率为 24 帧/s。

Step 02 按快捷键<Ctrl+Shift+Alt+R>调出舞台标尺，添加绿色的辅助线。

Step 03 在“图层 1”绘制黑色的幕布，遮住舞台后台。将图层 1 改名为“幕布层”如图 9-84 所示。

图 9-84

Step 04 点击“插入图层”添加一个新图层，命名为“背景层”。将“背景层”放置在“幕布层”下方。

Step 05 选中“矩形工具（R）”在背景层绘制一个矩形。删除线条后，填充“线性”填充色。颜色为“#0170B5”、“#6CDDF2”，如图 9-85 所示。

Step 06 选中“多角星形工具”在背景层绘制一个五角星。填充“放射状”填充色。颜色为“#FFFFFF”、“#D8C46B”，如图 9-86 所示。

图 9-85

图 9-86

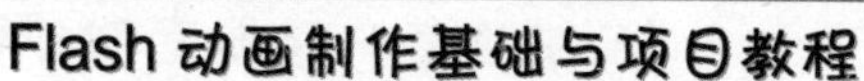

Step 07 在背景层绘制月亮，如图 9-87 分解所示。

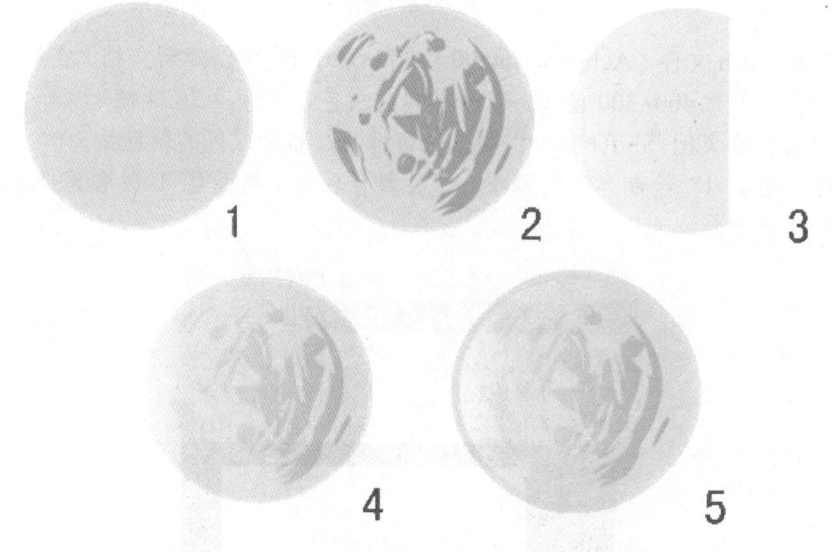

图 9-87

① 选中“椭圆工具（O）”并按住<Shift>键绘制一个圆形，删除线条，填充色为“#FEF0A7”。

② 选中“刷子工具（B）”刷出一些不需要很规则的深黄色，填充色为“#FEF0A7”。

③ 将第一个圆复制一个，对其更改填充色，填充白黄“线性”渐变，黄色为“#FEF0A7”，透明度为 30%，绘制完毕后按<Ctrl+B>键给图形打组。

④ 第 3 步的图形放置在第 2 步的图形上方，给月亮增加朦胧效果。

⑤ 将图形选中并按<F8>键转换为“影片剪辑”并命名为“月亮”，在“滤镜”窗口中设置一个发光滤镜。可以根据“影片剪辑”的大小对发光滤镜的模糊数值和强度值进行相应的调节，如图 9-88 所示。

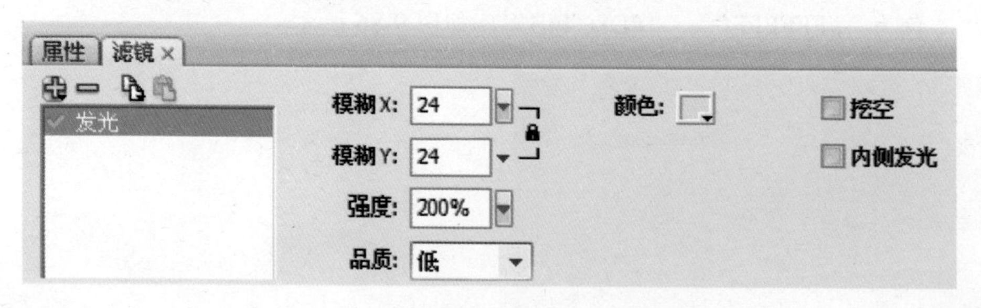

图 9-88

Step 08 将月亮、星星和夜空背景组合在一起。并按快捷键<Ctrl+G>组合，如图 9-89 所示。

Step 09 锁定背景层后，在背景层上方点击“插入图层”添加一个新图层，命名为“圣诞老人”。在此图层绘制“坐在鹿车中的圣诞老人”，如图 9-90 所示。

图 9-89

图 9-90

图 9-90 中的构图看上去有些复杂，我们不要直接去绘制，用拼凑的方法逐一绘制每个元素后再组合起来（将每个元素先分别按<Ctrl+G>键进行组合），如图 9-91 分解所示。

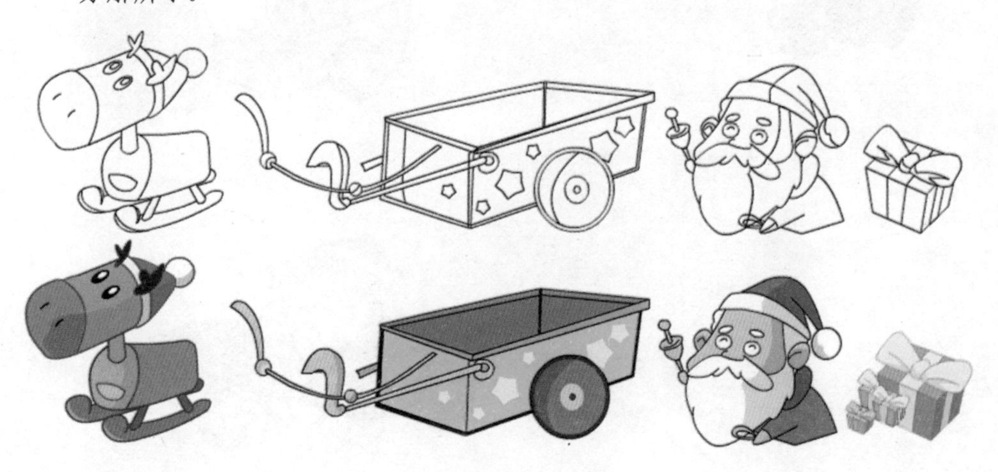

图 9-91

如何与礼物一起放入车中，如图 9-92 所示。

图 9-92

Step 10 选中组合好的“坐在鹿车中的圣诞老人”并按<F8>键转换为“图形”元件，命名为“圣诞车”。

Step 11 在“圣诞老人”层的上方点击“插入图层”并添加一个新图层，命名为“飘雪”。用引导线的做法制作“飘雪效果”，详细制作步骤参考“项目 8 下雪的特效”。

Step 12 在时间轴第 120 帧处按<F5>键将所有图层插入帧。

Step 13 选中“圣诞老人”层，添加动画效果，如图 9-93 所示。

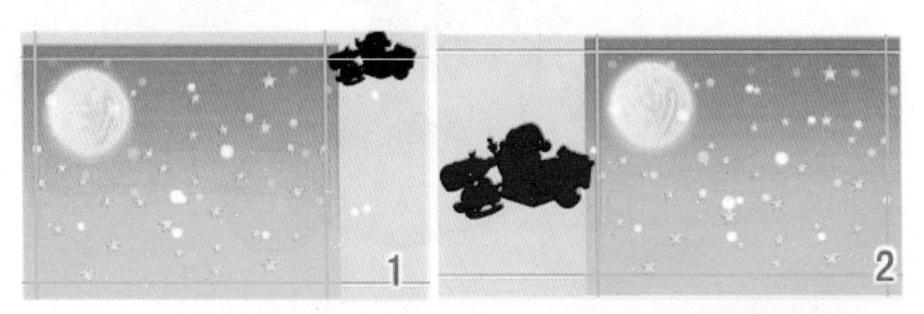

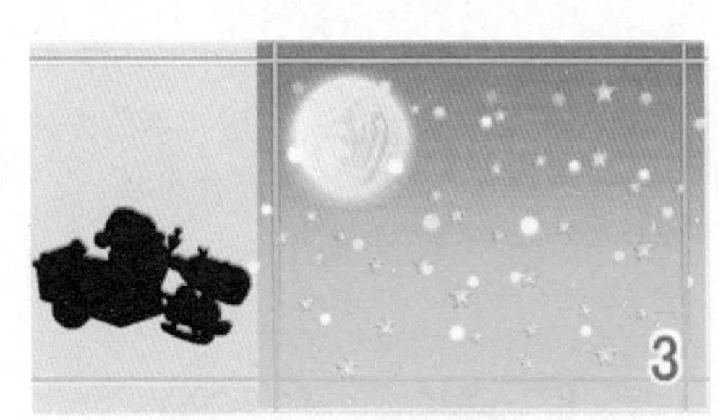

图 9-93

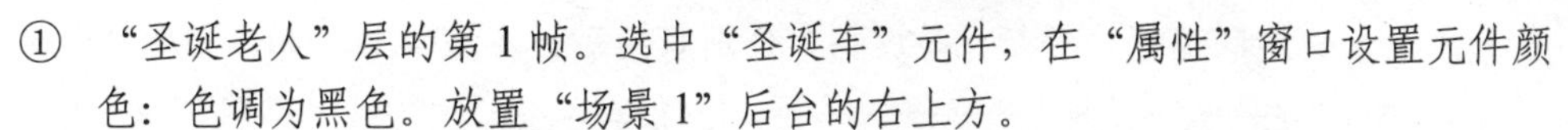

① “圣诞老人”层的第 1 帧。选中“圣诞车”元件，在“属性”窗口设置元件颜色：色调为黑色。放置“场景 1”后台的右上方。

② 在“圣诞老人”层的第 40 帧处，按<F6>键插入关键帧，移动到第 2 步所示的位置。将 1 到 40 之间创建补间动画。在第 41 帧处将元件放大。

③ 在“圣诞老人”层的第 45 帧处按<F6>键插入关键帧，选中“圣诞车”元件，用“修改—变形—水平翻转”命令将元件水平翻转。在第 41 帧处按<F7>键插入空白关键帧。

④ 在“圣诞老人”层的第 93 帧处按<F6>键插入关键帧，选中“圣诞车”元件，将其移动到第 4 步的位置，用“任意变形工具（Q）”将元件放大。在“属性”窗口设置元件颜色为无。

⑤ 在“圣诞老人”层的第 120 帧处按<F6>键插入关键帧，把“圣诞车”移动到舞台后台。第 45 帧到 120 帧创建补间动画。

Step 14 前 11 步已经完成了第一个镜头的制作，将除“幕布”层以外的所有图层在 121 帧处按<F7>键插入空白关键帧。给第一个镜头增加一个结尾断点，如图 9-94 所示。

图 9-94

善意的提示

在第一个镜头中，我们运用了一些简单的透视，小车由远到近的飞动，随之产生了近大远小的透视效果。

Step 15 在“飘雪”图层上方，点击“插入图层”添加一个新图层，命名为“屋内背景”，在“屋内背景”层第 121 帧处按<F6>键插入关键帧。绘制屋内背景，如图 9-95 所示。

图 9-95

分别绘制墙壁、壁炉、圣诞树，分别打组后，再组合到一起，如图 9-96 分解所示。

图 9-96

如果想让一个图形不带线条而具有立体感，在添加填充色时就要注意增加高光和阴影凸显图形的立体感。

Step 16 将墙壁窗户上的玻璃的填充色设置为 20%的透明。

Step 17 将“背景”层上的“星空背景”选中，用“任意变形工具 (Q)”将其缩小一些，放置在“屋内背景”层内房子的外面，透过窗户可以看到屋外的月亮，如图 9-97 所示。

图 9-97

选中“星空背景”并右击鼠标，选择“排列→移至底层”。将“星空背景”移置“室内背景下面”。

Step 18 选中“屋内背景”第 121 帧，并按<F8>键转换为“图形”元件，命名为“背景”。

Step 19 在“屋内背景”图层上方，点击“插入图层”添加一个新图层，命名为“驴子动作”，在图层第 121 帧处按<F6>键插入关键帧，制作驴子的所有动作。

“屋内背景”层随着“驴子动作”层帧数的增加，也随之向后按<F5>键延长帧数。

Step 20 绘制好人物以后按<F8>键转换为“图形”元件，命名为“凸凸驴”。并将每个部位转换元件，进行分层，如图 9-98 所示。

头发
五官
头
耳朵
身体
胳膊
尾巴
腿
场景 1　凸凸驴

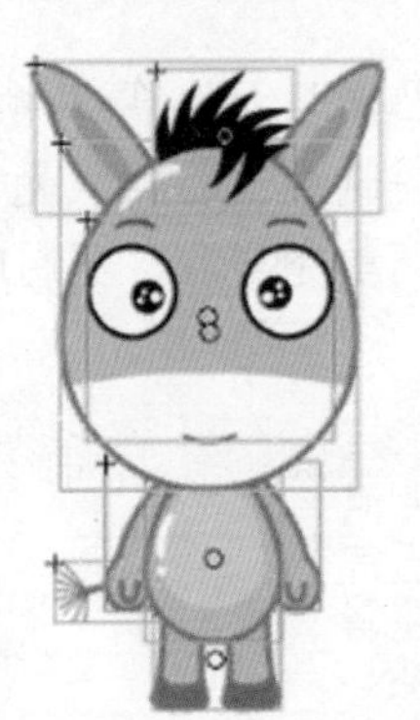

图 9-98

选中人物和背景，用“任意变形工具”将其放大到人物面部的位置，形成一个近景镜头，如图 9-99 所示。

图 9-99

Step 21 双击进入“凸凸驴”元件，给角色添加一个哭泣的动作，如图 9-100 所示。

图 9-100

① 双击进入“五官”元件，将表情改为哭泣。“胳膊”元件进行调整后，“胳膊”层移至“头”层的上方，让“胳膊”摸着“头”。

② 在五官层上新建一个图层，制作一个“眼泪”元件。

图 9-101　眼泪的运动规律截图

③ 在“凸凸驴”元件第 7 帧处按<F6>键插入关键帧，将头部的所有元件向下移动一些，选中“胳膊”元件，用“任意变形工具”将其放大一些，如图 9-98 所示。调整完毕后，复制时间轴第 1 帧，粘贴到第 14 帧，如图 9-102 所示。

图 9-102

Step 22 返回“场景 1”，在“室内背景”层和“驴子动作”层的第 150 帧处插入关键帧。在 121 帧到 150 帧之间创建补间动画，将其变为全景镜头。在两层的 200 帧按<F5>键插入帧，延续一段画面。

Step 23 在“驴子动作”层的上方点击“插入图层”添加一个新图层，命名为“老人动作”。绘制好的“圣诞老人”如“凸凸驴”一样，转换为“圣诞老人”元件后，将每个部位逐步分层，如图 9-103 所示。

图 9-103

Step 24 给圣诞老人制作走路动作。

技巧速记

当我们制作一个角色走、跑、跳等动作的时候，要从脚部开始由下往上去制作，这样可以有效地避免动作变形。

① 双击进入“圣诞老人脚”元件，编辑脚的动作，将左脚右脚分别放入两个图层，按图 9-104 所示进行位置的调节，调节完毕后创建补间形状。

图 9-104

圣诞老人脚元件的时间轴截图如图 9-105 所示。

1　5　10　15
左脚
右脚

图 9-105

② 返回“圣诞老人”元件编辑身体的动作，身体用“任意变形工具”调节一下角度即可。注意中心点需移动到腰带处，胳膊在运动中也要前后摆动，如图 9-106 所示。

1　5　10　15
帽子
圣诞老人头
圣诞老人右胳膊
圣诞老人身体
圣诞老人右胳膊
圣诞老人脚

图 9-106

Step 25 返回场景 1，选中时间轴第 160 帧处的“圣诞老人”元件，拖动到舞台的后台。在 190 帧处按<F6>键插入关键帧，将其拖动到舞台中央，如图 9-107 所示。

图 9-107

Step 26 在“老人动作”层的第 191 帧处插入关键帧。按快捷键<Ctrl+L>调出“库”窗口，在库中找到“圣诞老人”元件，右击选择“直接复制”命令，命名为“送帽子”。

Step 27 在“库”窗口中双击进入“送帽子”元件，只保留时间轴上的第 1 个关键帧，删除所有的帧和补间动画。

Step 28 按图 9-108 所示步骤绘制动作。

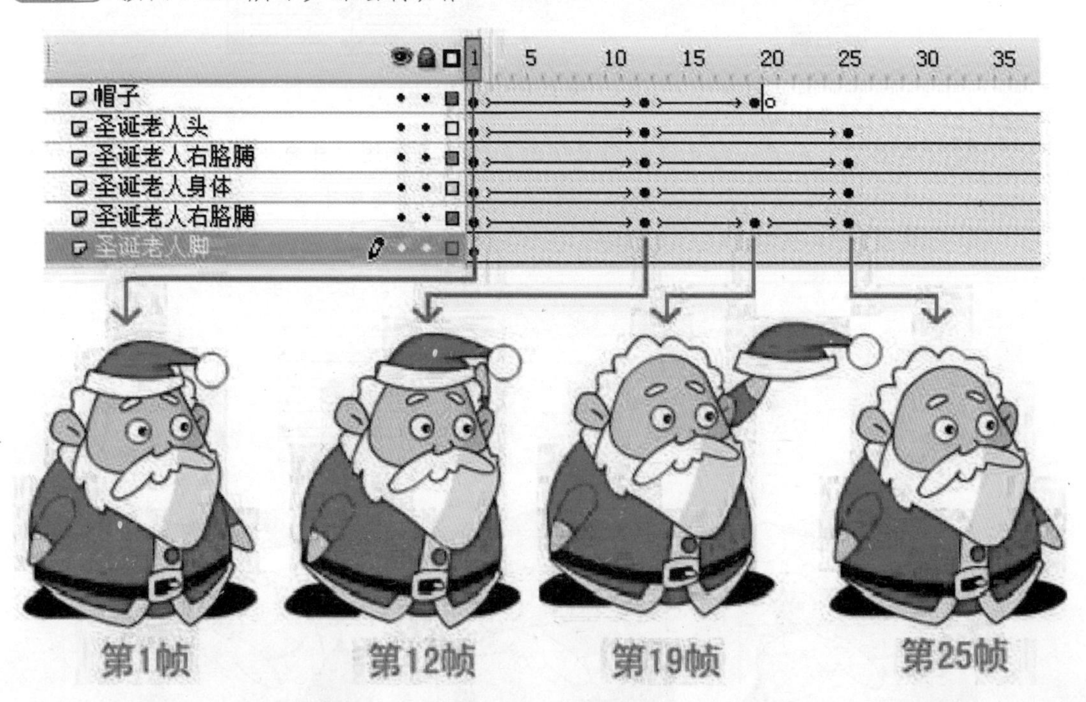

图 9-108

按<F5>键将所有的帧延长至 100 帧处备用。

选中“圣诞老人脚”元件，在“属性”窗口中设置“图形选项”为单帧。

Step 29 返回场景 1，在“驴子动作”层的第 207 帧处按<F6>键插入关键帧，在“库”窗口中找到“凸凸驴”元件，右击鼠标选择“直接复制”命令。复制一个新的元件，并命名为“凸凸驴 1”。复制圣诞老人的帽子，并粘贴到“凸凸 1”元件里的最上层，删除掉头发图层，如图 9-109 所示。

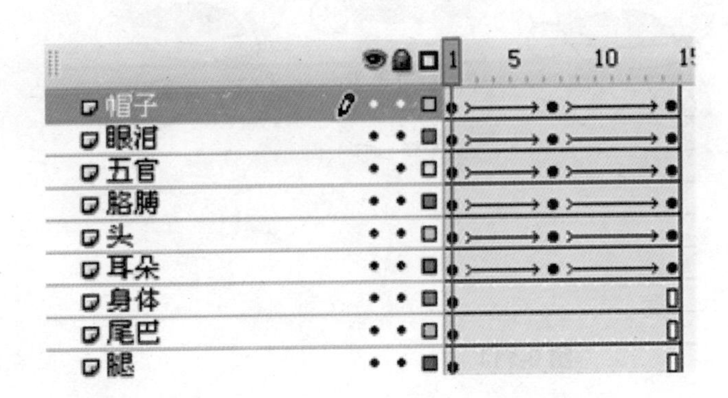

图 9-109

Step 30 返回“场景 1”选中 207 帧中的“凸凸驴”元件，在“属性”窗口中点击“交换”按钮，在“交换元件”对话框中选择“凸凸驴 1”元件。完成交换元件。

Step 31 在场景 1“驴子动作”层第 234 帧处，按<F6>键插入关键帧，在“库”窗口中，选中“凸凸驴 1”元件，右击鼠标，选择“直接复制”命令，复制一个新元件，命名为“凸凸驴 2”。双击进入“凸凸驴 2”元件，进行编辑。只保留所有图层上的第 1 帧，删除多余帧和补间动画。

Step 32 删除眼泪层，按<Ctrl+B>键将“五官”元件打散后，重新制作表情。新表情命名为“五官 2”元件，如图 9-110 所示。

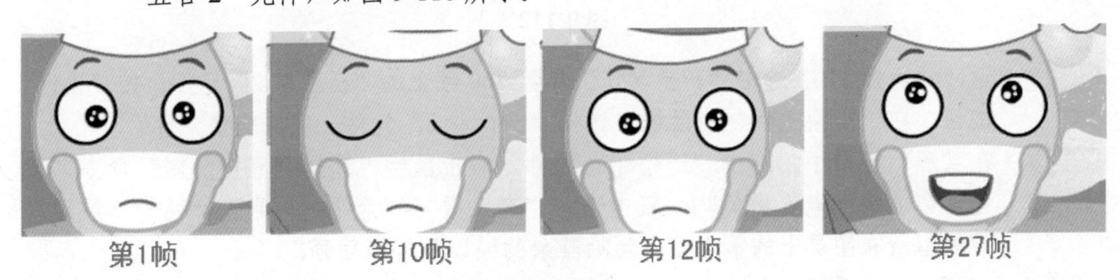

图 9-110

按<F5>键将“五官 2”元件的时间轴延伸至 100 帧备用。

Step 33 返回“凸凸驴 2”元件，在时间轴的第 25 帧处插入帧。

Step 34 返回“场景 1”选中第 234 帧中的“凸凸驴 1”元件，在“属性”窗口中点击“交换”按钮，在“交换元件”对话框中选择“凸凸驴 2”元件。完成交换元件。

Step 35 在场景 1 中“驴子动作”层的第 260 帧处按<F6>键插入关键帧。在“库”窗口找到“凸凸驴 2”元件，右击鼠标，选择“直接复制”元件，新元件命名为“凸凸驴 3”。

Step 36 双击进入“凸凸驴 3”元件。选中“五官 2”元件，在“属性”窗口的“图形选项”中设置为“单帧”第一帧：27 单帧 第一帧：27 。选中“胳膊”元件并按<Ctrl+B>键打散，调整位置后，按<F8>键转换为新元件，命名为“胳膊 2”元件。

Step 37 按图 9-111 所示步骤，调节驴子跳动。

图 9-111

在我们调节动作的时候，可以按快捷键<Ctrl+Shift+Alt+R>调出“标尺”并拖拽出辅助线，帮助我们给动作定位，如图 9-112 所示。

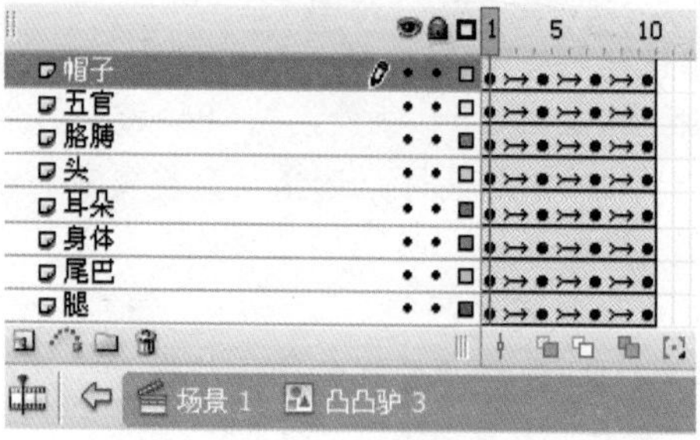

1 5 10
帽子
五官
胳膊
头
耳朵
身体
尾巴
腿
场景 1 凸凸驴 3

图 9-112

Step 38 返回“场景 1”，选中“驴子动作”层第 260 帧上的“凸凸驴 2”元件，按“属性”按钮，在“交换元件”对话框中选择“凸凸驴 3”元件。完成交换元件。

Step 39 在“库”窗口中，选中“送帽子”元件，右击鼠标，选择“直接复制”命令，新元件命名为“老人微笑”。双击进入“老人微笑”元件，先删除“帽子”层后，只保留所有图层上的第 1 帧，删除其余的帧以及补间动画。

Step 40 按<Ctrl+B>键将“老人微笑”元件中的“圣诞老人头”元件打散，将表情改为微笑，如图 9-113 所示。

图 9-113

Step 41 返回“场景 1”，在“老人动作”层的第 245 帧处按<F6>键插入关键帧，选中“送帽子”元件，在“属性”窗口中点击“交换”按钮，在“交换元件”对话框中选择“老人微笑”元件。完成交换元件。

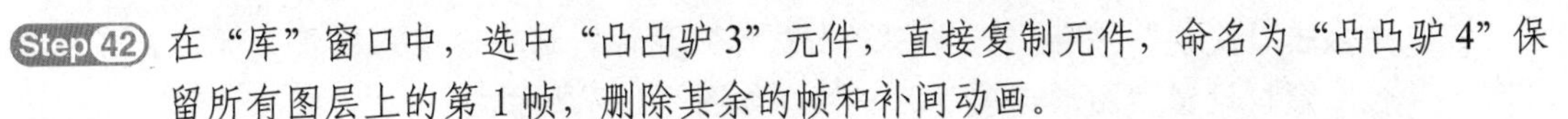

Step 42 在“库”窗口中，选中“凸凸驴 3”元件，直接复制元件，命名为“凸凸驴 4”保留所有图层上的第 1 帧，删除其余的帧和补间动画。

Step 43 选中“五官 2”元件，按<Ctrl+B>键打散，绘制新的表情，如图 9-114 所示。

Step 44 选中“胳膊 2”元件，按<Ctrl+B>键打散，再次选中打散的胳膊，按<F8>键转化为“胳膊 3”元件，双击进入元件绘制胳膊的新动作，如图 9-115 所示。

Step 45 在“凸凸驴 4”元件的第 70 帧处按<F5>键插入帧备用。

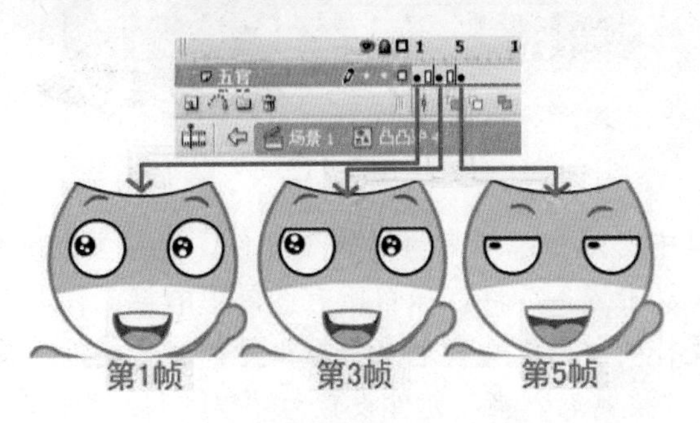

图 9-114

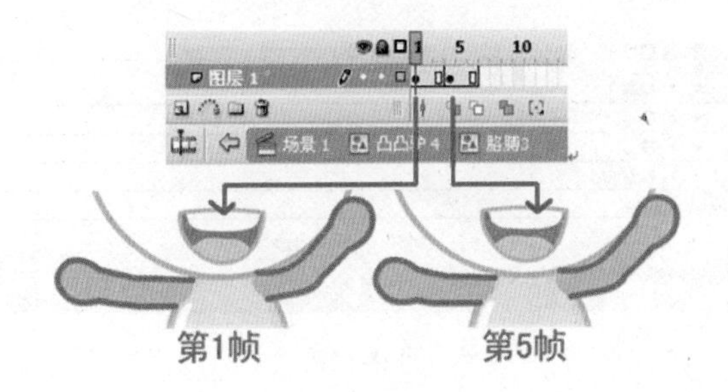

图 9-115

Step 46 返回“场景 1”，在“驴子动作”层第 290 帧处按<F6>键插入关键帧，选中“凸凸驴 3”元件，在“属性”窗口中点击“交换”按钮，选择“凸凸驴 4”元件。

Step 47 在“库”窗口中，选中“圣诞老人头”元件，直接复制元件，命名为“老人吃惊”元件。双击进入元件，更改表情，如图 9-116 所示。

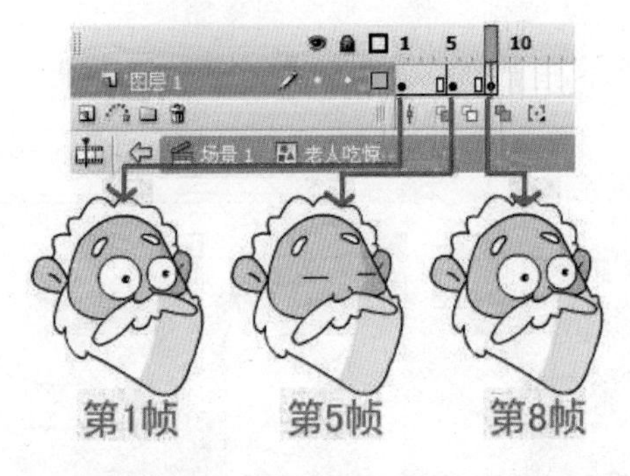

图 9-116

Step 48 在“库”窗口中，选中“圣诞老人”元件，直接复制元件，命名为“老人倒退跑”元件。双击进入元件，删除帽子层，选择“圣诞老人头”元件，在“属性”窗口中点击“交换”按钮，选择“老人吃惊”元件。选中“老人吃惊”元件，在“属性”窗口设置“图形选项”为单帧，如图 9-117 所示。

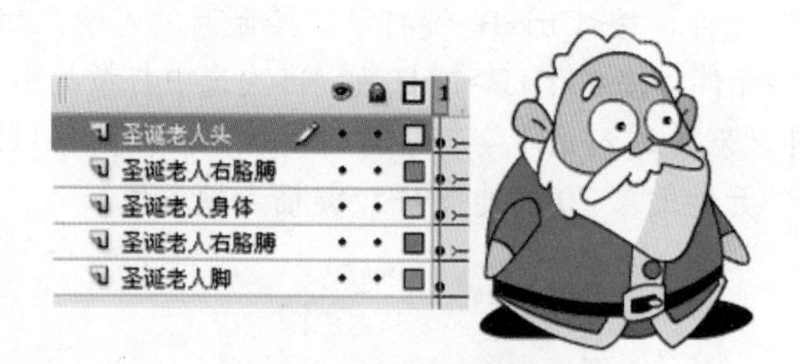

图 9-117

Step 49 在“库”窗口中，选中“老人倒退跑”元件，直接复制元件，命名为“老人原地惊呆”元件。双击进入元件，保留所有图层中的第 1 帧，清除第 8 帧和第 15 帧上的关键帧以及补间动画，将“老人吃惊”元件在“属性”窗口中设置“图形选项”为“循环”。“圣诞老人脚”元件设置为“单帧”。并将时间轴延长至 60 帧备用，如图 9-118 所示。

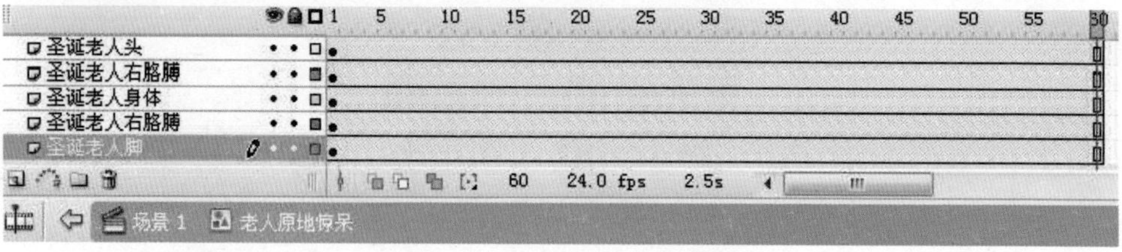

图 9-118

Step 50 返回“场景 1”，在“老人动作”层的第 310 帧处按<F6>键插入关键帧。选择“老人微笑”元件，在“属性”窗口中点击“交换”按钮，选择“老人原地惊呆”元件。

Step 51 在第 330 帧处按<F6>键插入关键帧，选中“老人原地惊呆”元件，在“属性”窗口中点击“交换”按钮，选择“老人倒退跑”元件。

Step 52 在第 360 帧处插入关键帧。将“老人倒退跑”元件拖动到舞台后台，创建补间动画，如图 9-119 所示。

图 9-119

Step 53 在“驴子动作”层上方添加一个新图层，命名为“特效”。在“特效”层第 360 帧处插入关键帧，绘制一个跳跃的卡通效果。绘制完毕后，按<F8>键转换为“影片剪辑”并命名为“影子”，并在“滤镜”窗口中设置“模糊”滤镜。模糊 x 为 20，模糊 y 为 0，如图 9-120 所示。

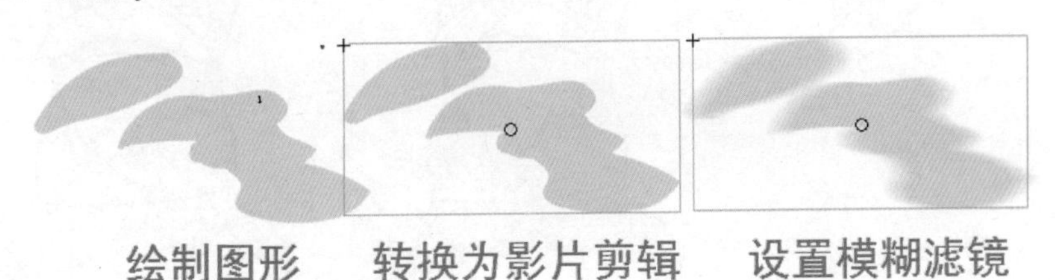

图 9-120

Step 54 在“特效”层第 365 帧处按<F6>键插入关键帧，将“影子”元件拖动到舞台后台，创建补间动画。在第 366 帧处按<F7>键插入空白关键帧。在“驴子动作”层第 360 帧处按<F7>键插入空白关键帧，如图 9-121 所示。

图 9-121

Step 55 将“室内背景”层中按<F6>键分别插入关键帧。用“任意变形工具（Q）”对其左右进行轻微的转动，并创建补间动画，如图 9-122 所示。

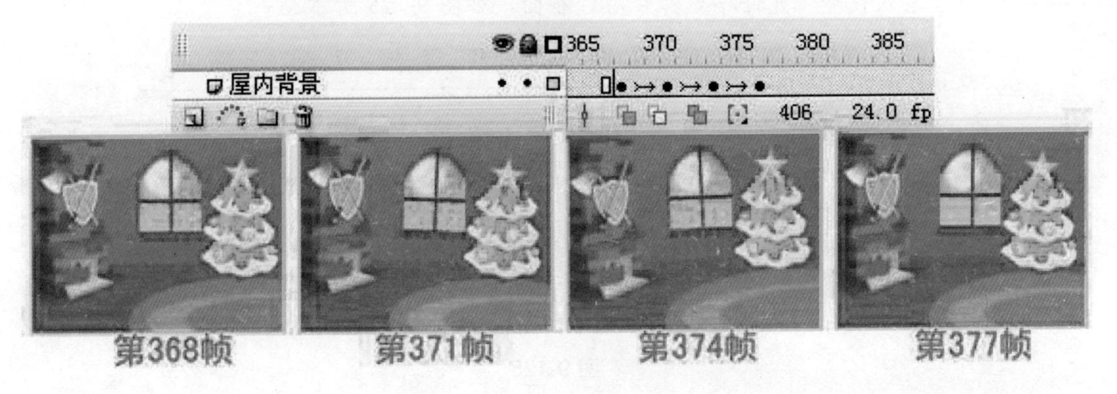

图 9-122

Step 56 在“老人动作”层的第 395 帧处按<F6>键插入关键帧，绘制只穿内衣的圣诞老人。

绘制完毕后转换为“老人投降”元件。在第 361 帧处按<F7>键插入关键帧，如图 9-123 所示。

图 9-123

Step 57 双击进入“老人投降”元件，编辑动作，如图 9-124 所示。

图 9-124

Step 58 选中“老人动作”层第 395 帧上后台的“老人倒退跑”元件。在“属性”窗口中点击“交换”按钮，选择“老人投降”元件。在第 470 帧处按<F6>键插入关键帧，将“老人投降”元件移置舞台后台右面，如图 9-125 所示。

图 9-125

Step 59 在“驴子动作”层的第 395 帧处按<F6>键插入关键帧。绘制抢到衣服的凸凸驴，按<F8>键转换为“凸凸驴 5”元件，如图 9-126 所示。

图 9-126

Step 60 在“驴子动作”层第 470 帧处插入关键帧，创建补间动画，如图 9-127 所示。

图 9-127

Step 61 在“驴子动作”层和“老人动作”层的第 475 帧处按<F6>键插入关键帧，在第 471 帧处按<F7>键插入空白关键帧。将 475 帧上的元件水平翻转，用“任意变形工具”放大一些，在时间轴第 550 帧处插入关键帧，将元件移动到后台的左边，创建补间动画，如图 9-128 所示。

图 9-128

Step 62 在“驴子动作”层和“老人动作”层的第 560 帧处按<F6>键插入关键帧，在第 551 帧处按<F7>键插入空白关键帧。将 560 帧上的元件水平翻转，用“任意变形工具”放大，在时间轴第 620 帧处插入关键帧，将元件移动到后台的右边，并创建补间动画，如图 9-129 所示。

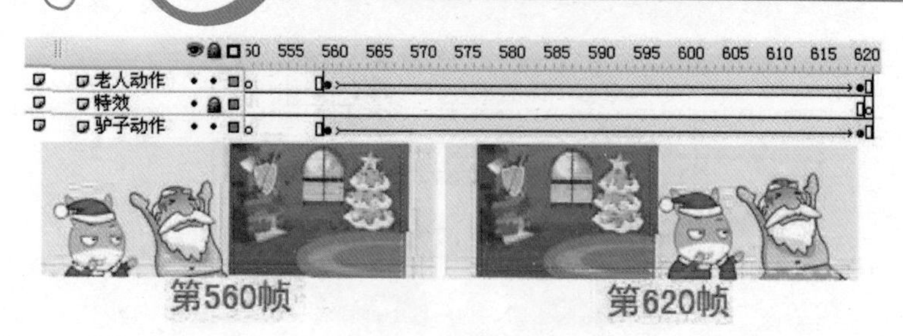

图 9-129

Step 63 在“老人动作”层上方添加一个新图层命名为“文字”。在第 625 帧处插入关键帧，添加文字。并在“滤镜”窗口添加发光滤镜，如图 9-130 所示。

图 9-130

中文字为创艺简行楷。英文字尾 Briquet。

善意的提示

若本机电脑无此类字体，可去网络下载字体样式，粘贴到 C:\Windows\Fonts 文件夹下即可。

Step 64 将文字选中，按<F8>键转换为图形元件，命名为“文字”元件。在第 660 帧处按<F6>键插入关键帧，创建补间动画，如图 9-131 所示。

图 9-131

Step65 在“幕布”层上方添加一个新图层，命名为“背景音乐”，按快捷键<Ctrl+R>导入背景音乐。选中“音波”在“属性”窗口，点击“效果”的编辑按钮。弹出“编辑封套”如图 9-132 调节。

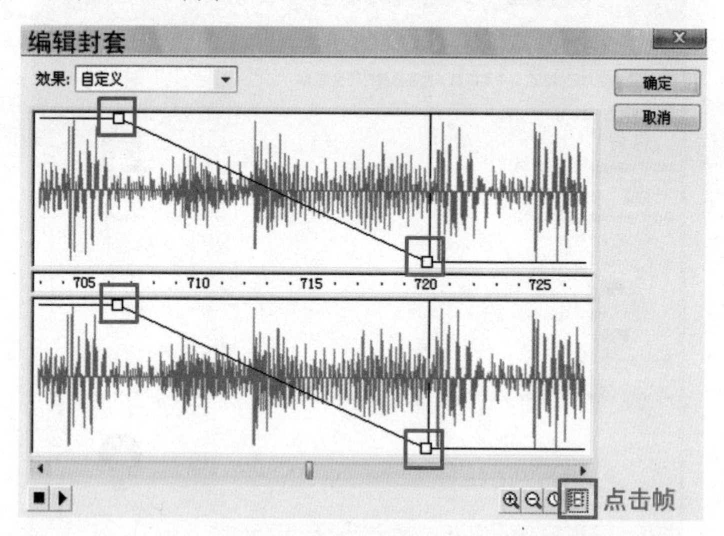

图 9-132

Step66 按<F5>键将“幕布”、“文字”、“屋内背景”三个层在第 720 帧处插入帧。30s 的小动画制作完成。

Step67 测试、保存文件。

项目 17 制作 QQ 表情

当我在使用网络聊天工具时，如 QQ、MSN 等聊天工具时，除了常规的打字外，还可以用动态图片来表达出我们的喜怒哀乐，让自己的心情更加生动地呈现出来。在本项目实例中就介绍一下 QQ 表情是如何制作出来的。

学习目标

- 掌握表情的运动规律。
- 掌握 Flash 与 ImageReady 相互结合使用。

项目赏析

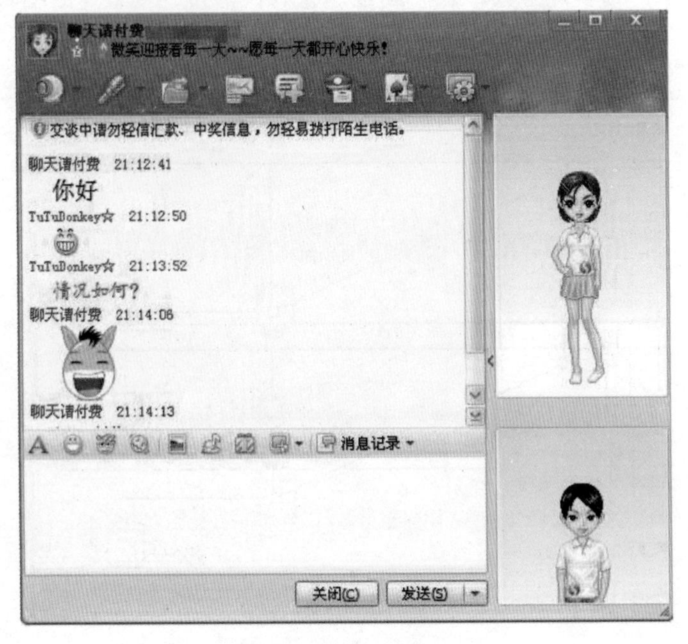

QQ 聊天窗口截图

操作步骤

Step 01 新建 Flash 文件（ActionScript 3.0）或按<Ctrl+N>键创建新文档。在属性窗口设置：舞台大小为 60×60 像素，背景颜色为白色。帧频为 12 帧/s。

Step 02 制作一个大笑的 QQ 表情，如图 9-133 所示。

图 9-133

Step 03 将每个部位分别转换为“图形”元件。编辑耳朵元件的动画效果，如图 9-134 所示。

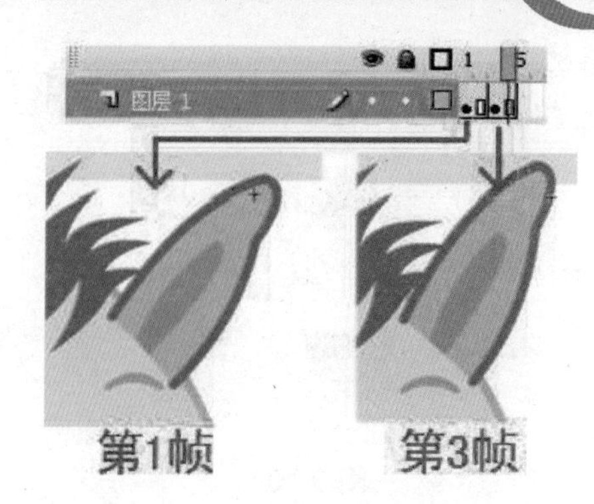

图 9-134

Step04 嘴部的逐帧变化，如图 9-135 所示。

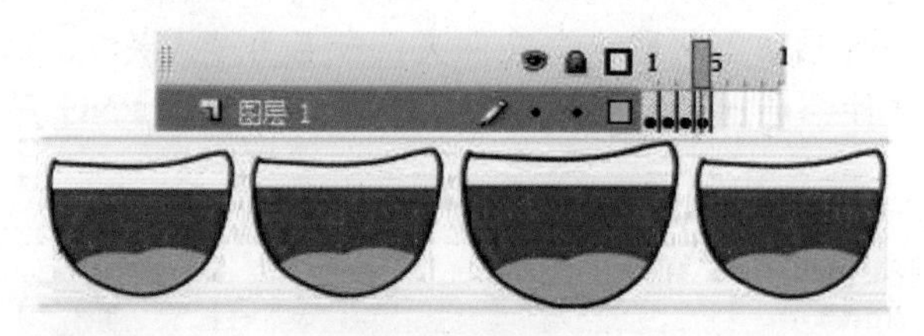

图 9-135

Step05 完成动画效果，如图 9-136 所示。

图 9-136

动画效果制作完毕后，导出 GIF 动画。

Step06 我们先用 Flash 中自带的功能导出 GIF 动画。选择“文件→导出→导出影片”菜单命令。导出 GIF 动画，如图 9-137 所示。

文件名(N):　大笑　保存(S)
保存类型(T):　GIF 动画 (*.gif)　取消

图 9-137

Step07 选中导出的 gif 图在 QQ 的发送窗口中发送，观看效果，如图 9-138 所示。

图 9-138

我们发现导出后的 gif 图片发生了失色，因为 Flash 不是专业的图片处理软件，所以生成出的 gif 出现了失真，解决方法是：

① 在 windows 桌面上新建一个文件夹，命名为“大笑”。回到 Flash CS3 软件中选择“文件→导出→导出影片”菜单命令，导出 PNG 序列文件，如图 9-139 所示。

图 9-139

② 将 PNG 序列图导出在桌面上刚刚新建的“大笑”文件夹中，如图 9-140 所示。

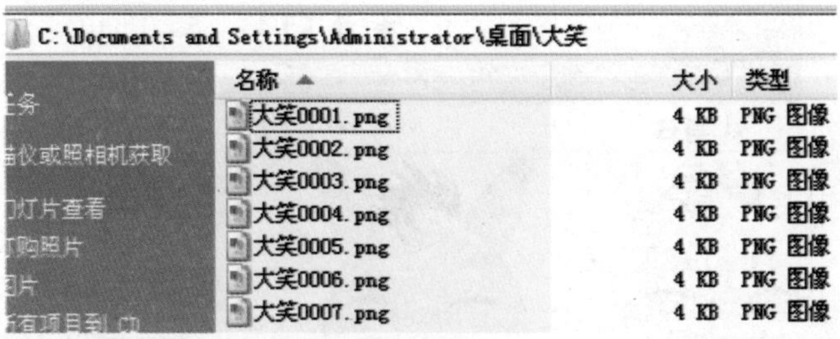

C:\Documents and Settings\Administrator\桌面\大笑

名称	大小	类型
大笑0001.png	4 KB	PNG 图像
大笑0002.png	4 KB	PNG 图像
大笑0003.png	4 KB	PNG 图像
大笑0004.png	4 KB	PNG 图像
大笑0005.png	4 KB	PNG 图像
大笑0006.png	4 KB	PNG 图像
大笑0007.png	4 KB	PNG 图像

图 9-140

③ 打开 ImageReady CS 软件，如图 9-141 所示。

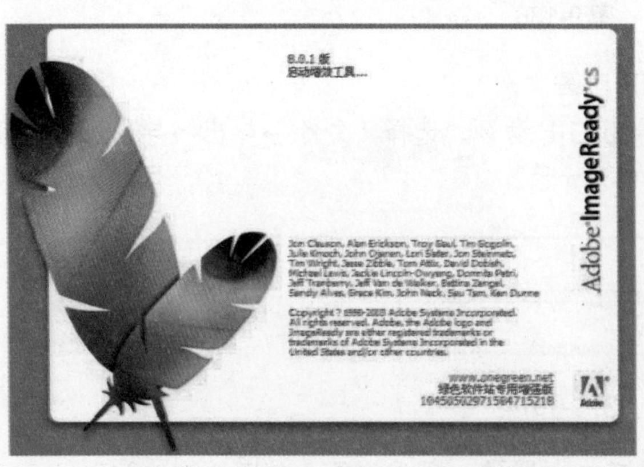

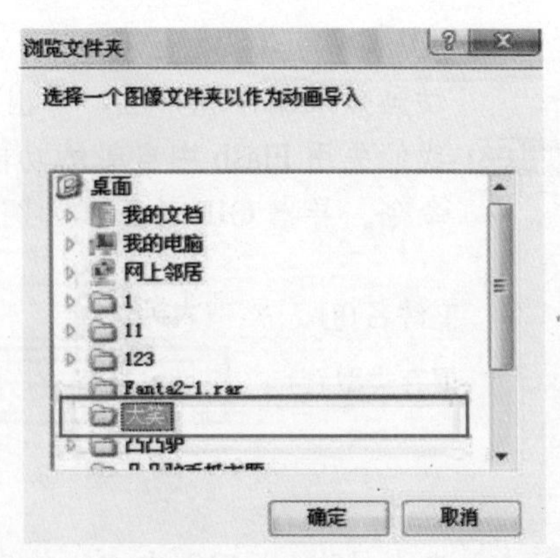

图 9-141

④ 选择“文件→导入→作为帧的文件夹”菜单命令，图片逐帧显示出来，如图 9-142 所示。

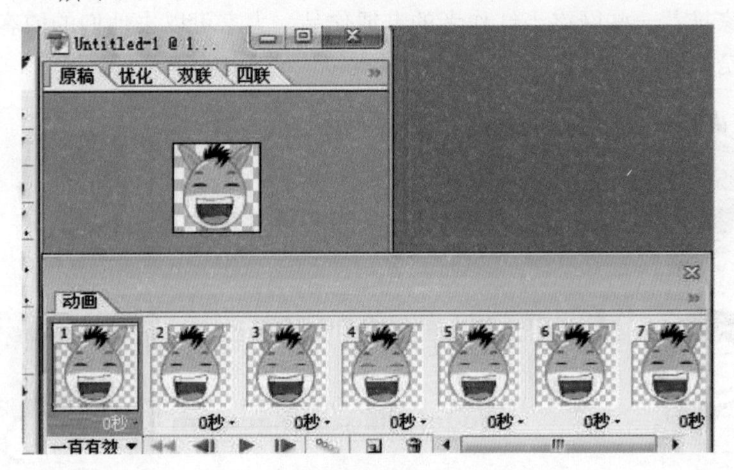

图 9-142

⑤ 选择文件菜单下的存储优化结果，命名为“大笑 1”，如图 9-143 所示。

文件名 (N):　大笑1.gif　　保存 (S)
保存类型 (T):　仅限图像 (*.gif)　　取消

图 9-143

⑥ 选中导出的新 gif 图在 QQ 的发送窗口中发送，观看效果，如图 9-144 所示。

图 9-144

Step 08 GIF 动画完成。保存、测试结果。

善意的提示

生成 GIF 动画图片时要避免时间轴过长，画面过于充实，填充渐变色等。gif 图所占空间过大，就容易出现发送失败等现象。

佳作推荐

下面给大家推荐一些网络当红作者的卡通作品，大家可以去他们的博客中观看和学习这些优秀作品是如何表现出来的。

凸凸驴

tutudonkey.qzone.qq.com

maozi1106.qzone.qq.com

中山中猫紫

天朝小羽

tianchaoyu.qzone.qq.com

budaizhu.qzone.qq.com

布袋猪

DD殿下

365661193.qzone.qq.com

499187529.qzone.qq.com

牛小甲

哩哩猪

blog.sina.com.cn/jiayoulili

www.yimaoyigou.com

一猫一狗

粉红蟹

www.pink-crab.com

622000203.qzone.qq.com

嘟嘟熊

皮揣子

blog.sina.com.cn/changgongshou

622000478.qzone.qq.com

AYA

第 10 章　ActionScript 3.0 代码篇

随着 Flash ActionScript 3.0 的更新，Flash AS 动作脚本也进入了面向对象的主流程序之一，ActionScript 3.0 可以更容易地创建高度复杂的应用程序，可在应用程序中包含大型数据集和面向对象的可重用代码集。ActionScript 3.0 需要在 Flash Player 9 播放器上才能运行，代码的执行速度可以比旧的 ActionScript 代码快 10 倍。ActionScript 脚本只能在 SWF 或 EXE 中运行，当 Flash 导出为 AVI 等格式后，代码效果消失。

项目 18　舞台控制的基本语句

学习目标

- 初步认识 ActionScript 3.0 的语句结构掌握。
- 掌握声明函数。

操作步骤

Step 01 新建 Flash 文件（ActionScript 3.0）或按<Ctrl+N>键创建新文档。在属性窗口设置：舞台大小设为默认值。

Step 02 在舞台上画一个方形。按<F8>键转换为“影片剪辑”。在“属性”窗口中添加“实例名称”为 fk_mc，并将注册点位置移到中心，如图 10-1 所示 。

注册(R):

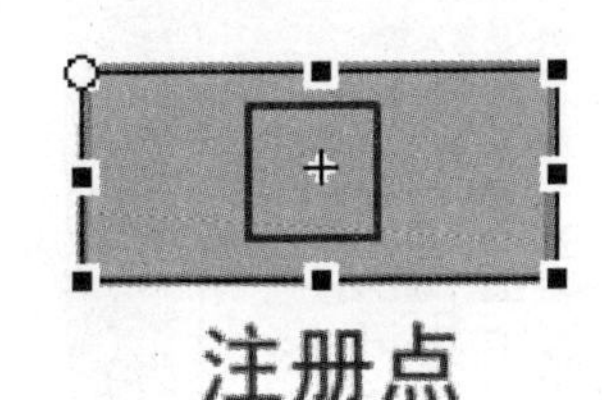

图 10-1

在我们给实例名称起名时，要在名称后加上“_mc”的后缀。在我们给实例添加代码时，会自动出现代码提示，更容易我们编写程序。

动作帧窗口的工具示意图，如图 10-2 所示。

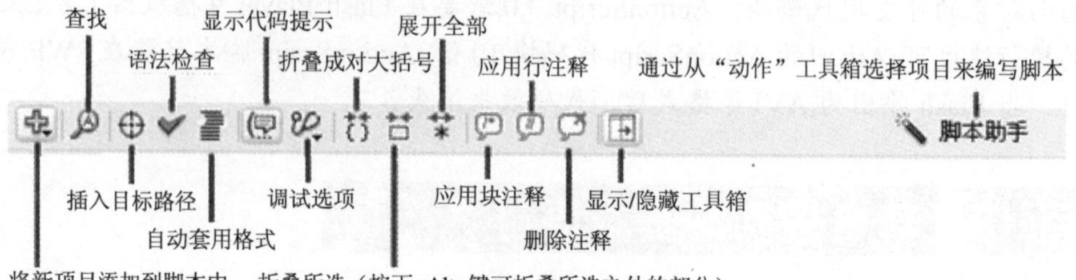

图 10-2

Step03 我们首先点击“插入目标路径”命令，选择“fk_mc”确定，如图 10-3 所示。

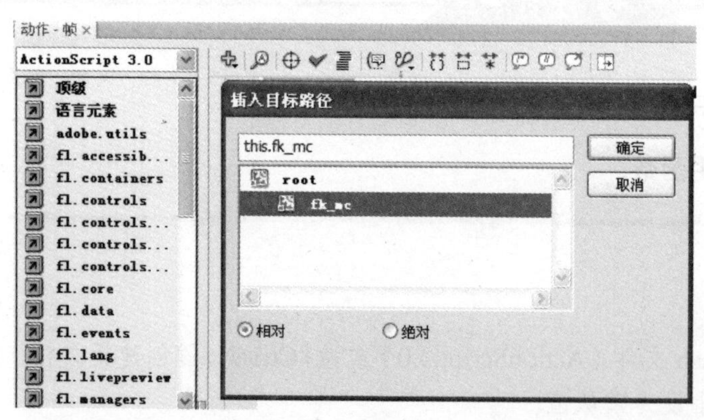

图 10-3

Step04 “this.fk_mc”已经出现在代码窗口中了，只需按一下“.”就会出现代码提示框，如图 10-4 所示。

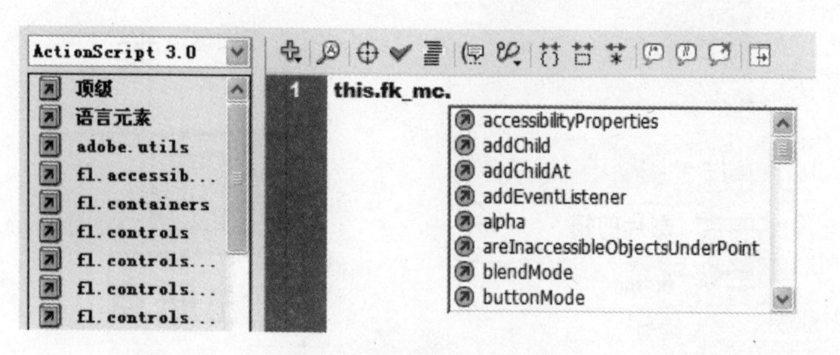

图 10-4

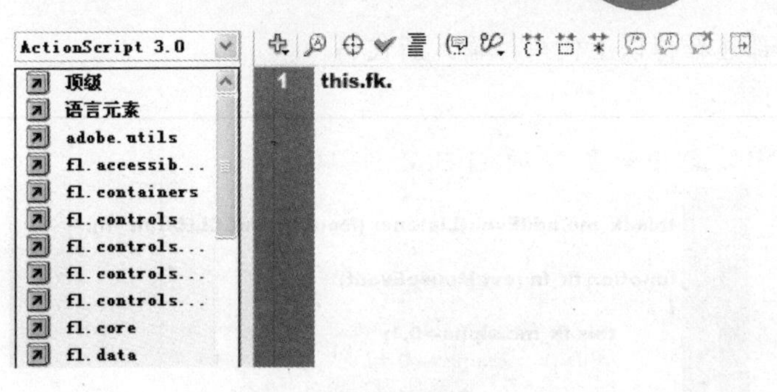

图 10-4(续)

Step05 选中时间轴的第 1 帧，按<F9>键，调出“动作”窗口添加以下代码。

代码如下：

```
1 //监听鼠标事件
2 this.fk_mc.addEventListener (MouseEvent.CLICK,fk_fn);
3 //定义函数
4 function fk_fn (evt:MouseEvent)
5 {
6         this.fk_mc.y=this.fk_mc.y+20;//方形y轴加20像素
7         //this.fk_mc.y+=20简写形式
8 }
```

当我们点击方框时，方块垂直向下移动 20 个像素。

Step06 删除或全部注释掉以上代码，输入新代码。

代码如下：

```
1 //监听鼠标事件
2 this.fk_mc.addEventListener (MouseEvent.CLICK,fk_fn);
3 //定义函数
4 function fk_fn (evt:MouseEvent)
5 {
6         this.fk_mc.height+=10;//方块的高度增加10像素
7 }
```

当我们点击方框时，方块的高度垂直向下增加 10 像素

Step07 删除或全部注释掉以上代码，输入新代码。

代码如下：

```
1 //监听鼠标事件
2 this.fk_mc.addEventListener (MouseEvent.CLICK,fk_fn);
3 //定义函数
4 function fk_fn (evt:MouseEvent)
5 {
6         this.fk_mc. rotation+=10;//方块顺时针旋转10个单位
7                           //-=10 //方块逆时针旋转10个单位
8 }
```

当我们点击方框时，方块按注册点开始转动 10 像素。

Step 08 删除或全部注释掉以上代码，输入新代码。

代码如下：

```
1  //监听鼠标事件
2  this.fk_mc.addEventListener (MouseEvent.CLICK,fk_fn);
3  //定义函数
4  function fk_fn (evt:MouseEvent)
5  {
6          this.fk_mc.alpha-=0.1;//透明度减少0.1个单位
7          //this.fk_mc.alpha-=0.1;//透明度增加0.1个单位
8          //条件是“影片剪辑”本身已做透明
9  }
```

当我们点击方框时，方块的透明度减少 0.1 个单位。

Step 09 删除或全部注释掉以上代码，输入新代码。

代码如下：

```
1  //监听鼠标事件
2  this.fk_mc.addEventListener (MouseEvent.CLICK,fk_fn);
3  function fk_fn (evt:MouseEvent)
4  {
5          this.fk_mc.scaleX*=1.1;//方块以x轴等比例放大
6          // x轴放大y轴也随之放大
7          this.fk_mc.scaleY=this.fk_mc.scaleX;
8  }
```

当我们点击方框时，方块按中心点等比例放大。

Step 10 两种变化代码一览

代码如下：

```
this.fk_mc.visible=false; // false 为假，可视度为无 True 为真可视度为有
this.fk_mc.visible=!this.fk_mc.visible; //感叹号 取反
```

善意的提示

要编写函数必须使用 function 关键字来声明函数，在函数“（）”括号内指定参数，参数是指调用函数时所传的数据。

动作脚本分析示意图

```
this.apple_mc.addEventListener(flash.events.MouseEvent.CLICK,clickApple);
   目标          事件注册                 事件                函数

function clickApple(e:MouseEvent)
{          函数名    事件参数
    this.apple_mc.rotation+=10;
}
```

佳作推荐

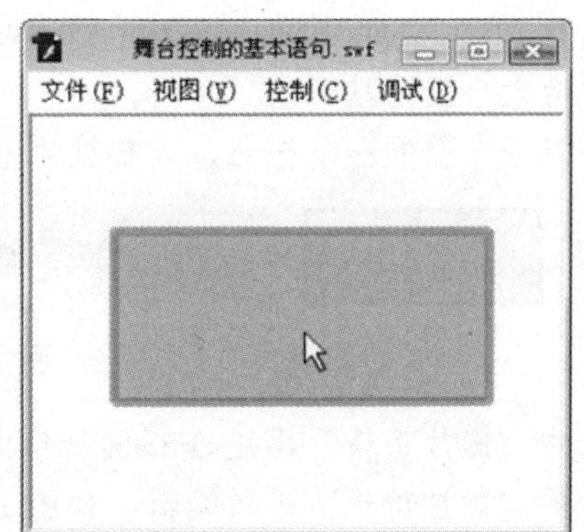

当我们点击方框时，方块按中心点等比例放大

项目 19　时间轴的基本语句

时间轴的控制语句，是 Flash AS 中最为常用的语句之一，其具有控制时间轴播放、停止、跳转等功能，在 Flash 课件中应用较为广泛。

学习目标

- 学会绘制立体按钮。
- 掌握时间轴跳转的 AS3.0 动作脚本。

项目赏析

点击开始按钮

到第 20 帧处停止

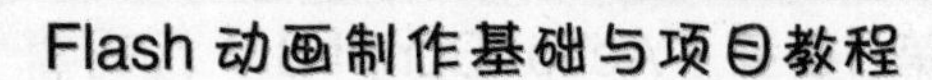

操作步骤

Step 01 新建 Flash 文件（ActionScript 3.0）或按<Ctrl+N>键创建新文档。在属性窗口设置：舞台大小设为默认值。

Step 02 在舞台中绘制一个按钮，并转换为“影片剪辑”元件，如图 10-5 所示。

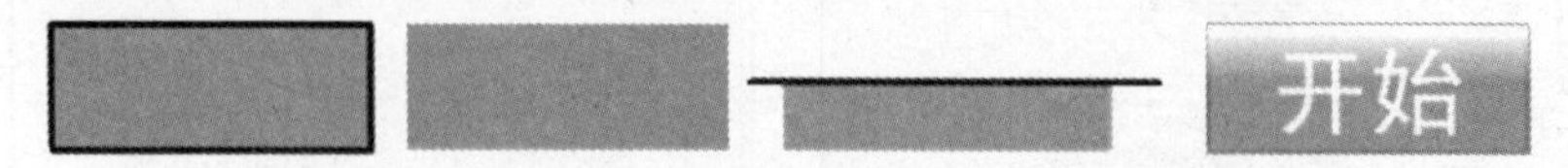

图 10-5

Step 03 选中“影片剪辑”再按<F8>键转换为“按钮”元件。双击进入按钮元件，对 4 帧上的“影片剪辑”进行编辑，如图 10-6 所示。

图 10-6

按钮的立体感是用“滤镜”窗口制作出来的，如图 10-7 所示。

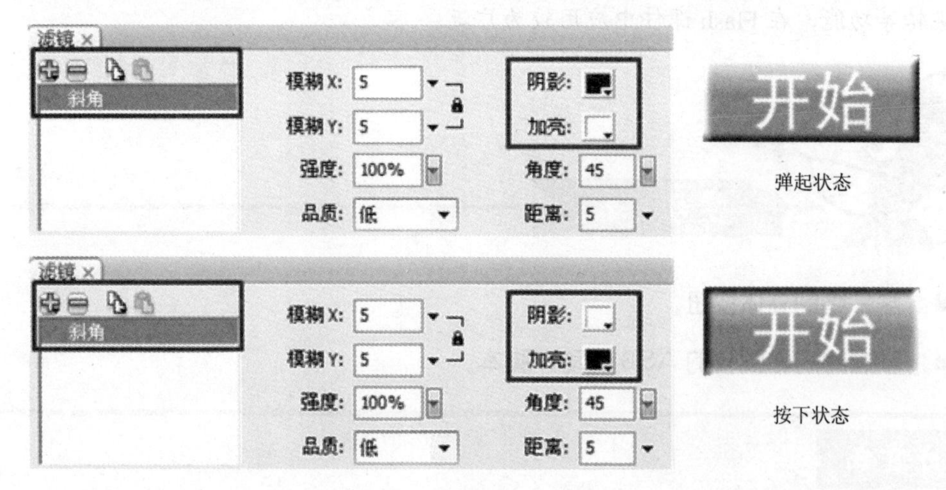

图 10-7

Step 04 将按钮放置舞台中央，选中按钮，在属性窗口给按钮起一个名字，如图 10-8 所示。

图 10-8

图 10-9

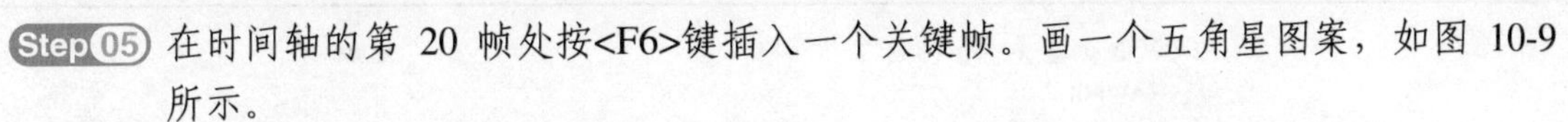

Step 05 在时间轴的第 20 帧处按<F6>键插入一个关键帧。画一个五角星图案，如图 10-9 所示。

Step 06 按<F9>键调出“动作”窗口，添加代码，如图 10-10、图 10-11 所示。

图 10-10

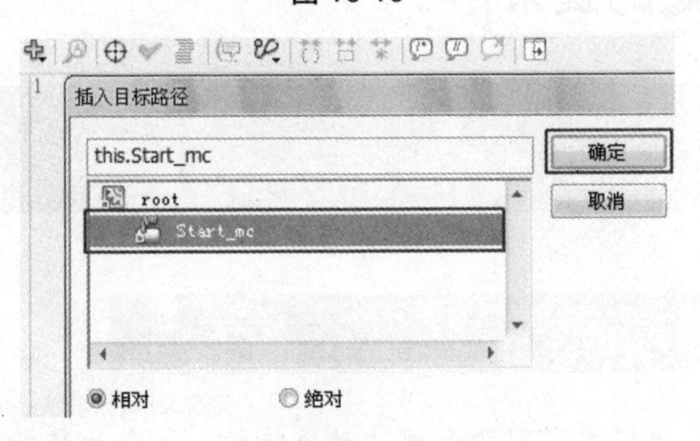

图 10-11

Step 07 下面在代码窗口中输入代码

点击开始按钮，让时间轴跳转至第 20 帧处停止下来。

代码如下：

```
1  //监听鼠标事件
2  this.Start_mc.addEventListener (flash.events.MouseEvent.CLICK,abc);
3  //定义函数
4  function abc (e)
5  {
6          this.gotoAndStop (20);// 跳转到时间轴的第20帧处停止播放
7  }
```

点击按钮时，画面跳到五角星图案后停止播放。

Step 08 删除或注释掉以上代码。点击开始按钮，让时间轴跳转至第 20 帧处继续播放。

代码如下：

```
1  //监听鼠标事件
2  this.Start_mc.addEventListener (flash.events.MouseEvent.CLICK,abc);
3  //定义函数
4  function abc (e)
5  {
6          this.gotoAndPlay (20);// 跳转到时间轴的第20帧处开始播放
7  }
```

点击按钮时，画面跳到五角星图案，循环播放至第 1 帧上按钮停止。

Step 09 当我们想让时间轴的某一帧直接停止时，只需要在当前帧上输入 stop ( )；即可。

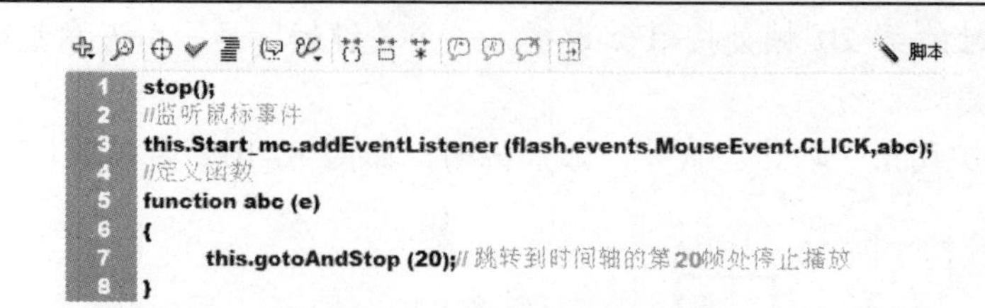

```
1  stop();
2  //监听鼠标事件
3  this.Start_mc.addEventListener (flash.events.MouseEvent.CLICK,abc);
4  //定义函数
5  function abc (e)
6  {
7          this.gotoAndStop (20);// 跳转到时间轴的第20帧处停止播放
8  }
```

先输入 stop（）；后时间轴停止播放等待执行命令。

善意的提示

preScene （）；为移动到上一个场景

nextScene（）；为移动到下一个场景

项目 20 缓冲动画

在本章的实例中，我们要实现两个缓冲动画特效，一个为鼠标跟随，一个为自动缓冲放大，缓冲特效在 Flash 网站和课件中应用较为广泛，其可以让“影片剪辑”中的图形、图片产生较有弹性的效果。

学习目标

- 了解自动缓冲放大的源码概念。
- 掌握鼠标跟随的缓冲特效。

项目赏析

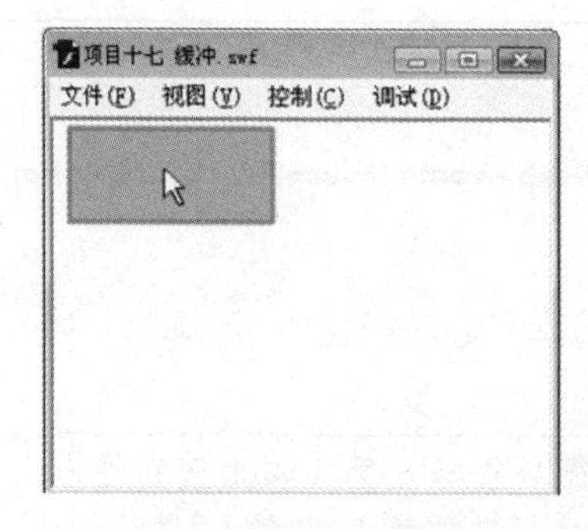

静止时窗口中鼠标与中心点对齐

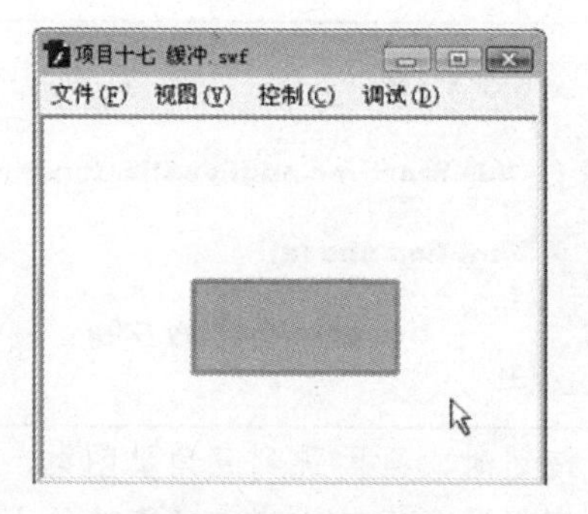

方形跟随鼠标前进 1/5 的距离

Step01 新建 Flash 文件（ActionScript 3.0）或按<Ctrl+N>键创建新文档。在属性窗口设置：舞台大小为默认。

Step02 在舞台上画一个方形。按<F8>键转换为“影片剪辑”。在“属性”窗口中添加“实例名称”为 fk_mc。并将注册点位置移到中心，如图 10-12 所示。

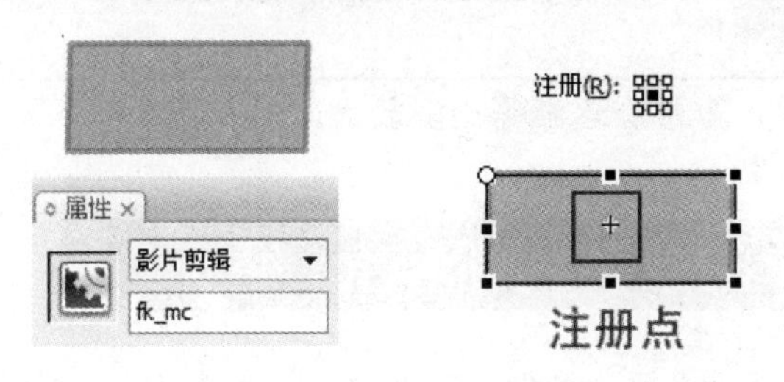

图 10-12

缓冲动画特效

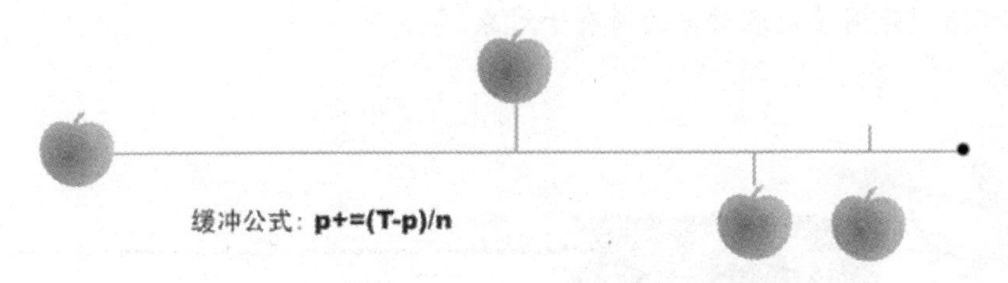

（公式图由 UpFlash 郭金亮提供）

Step03 选中时间轴的第 1 帧，按<F9>键调出“动作”窗口添加以下代码。

代码如下：

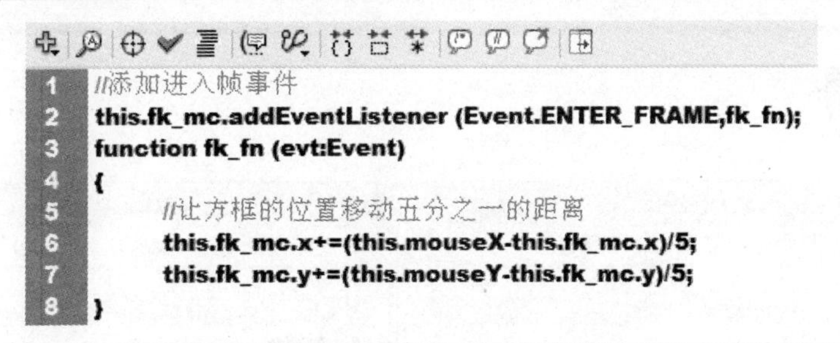

```
1 //添加进入帧事件
2 this.fk_mc.addEventListener (Event.ENTER_FRAME,fk_fn);
3 function fk_fn (evt:Event)
4 {
5     //让方框的位置移动五分之一的距离
6     this.fk_mc.x+=(this.mouseX-this.fk_mc.x)/5;
7     this.fk_mc.y+=(this.mouseY-this.fk_mc.y)/5;
8 }
```

当测试动画时，方块跟随着鼠标一起运动。

Step04 删除或全部注释掉以上代码，输入新代码。

代码如下：

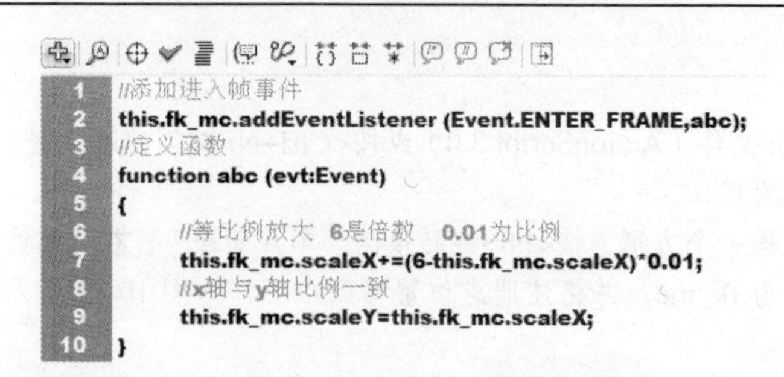

```
1  //添加进入帧事件
2  this.fk_mc.addEventListener (Event.ENTER_FRAME,abc);
3  //定义函数
4  function abc (evt:Event)
5  {
6        //等比例放大 6是倍数 0.01为比例
7        this.fk_mc.scaleX+=(6-this.fk_mc.scaleX)*0.01;
8        //x轴与y轴比例一致
9        this.fk_mc.scaleY=this.fk_mc.scaleX;
10 }
```

当测试动画后，方形会逐渐等比例放大。

项目 21 简单的条件判断和 for 循环

If-else 语句的意思是“如果—就做—否则就—”也就是当条件成立时执行某个处理，条件不成立时就执行另外一个处理。当条件不成立时不执行任何处理，可以省略 else 语句。这就是基本的条件判断语句。

for 循环语句是用于处理对象的所有子对象。

学习目标

- 了解 if–else 的条件判断。
- 了解 for 循环的概念。

项目赏析

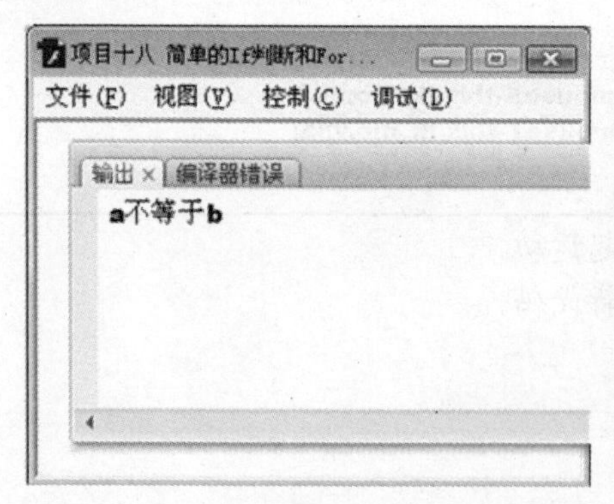

if 判断结果

项目十八 简单的If判断和For...
文件(F) 视图(V) 控制(C) 调试(D)
输出 × 编译器错误
5050

for 循环结果

操作步骤

Step01 新建 Flash 文件（ActionScript 3.0）或按<Ctrl+N>键创建新文档。在属性窗口设置：舞台大小为默认。

if-else 判断

Step02 按<F9>键，调出“动作”窗口添加以下代码。

代码如下：

```
1  //定义一个a变量等于1
2  var a:Number=1;
3  //定义一个b变量等于2
4  var b:Number=2;
5  //判断a是否等于b
6  if (a==b)
7  {
8          trace ("a等于b");
9  }
10 else
11 {
12         trace ("a不等于b");
13 }
```

当我们测试动画时，“输出”窗口显示“a 不等于 b”，if 判断完成。

for 循环

Step03 删除或全部注释掉以上代码，输入新代码。

代码如下：

```
1  //定义一个sum变量 类型为Number
2  var sum:Number=0;
3  //循环100次
4  for (var i:Number=1; i<=100; i++)
5  {
6          sum+=i;
7  }
8  //输出求和结果5050
9  trace (sum);
10
```

当我们测试动画时，“输出”窗口显示数字之和为 5050，for 循环完成。

项目 22 宇宙的特效

在本实例中运用到了声明变量，for 循环，添加到舞台等综合代码命令，是网络中比较常见的动态随机效果动画，其特点酷炫而没有特定规律，与引导线动画相互结合后能产生各种意想不到的神奇效果。

学习目标

- 理解认识动作脚本的含义。
- 掌握随机动画的特点，举一反三。

项目赏析

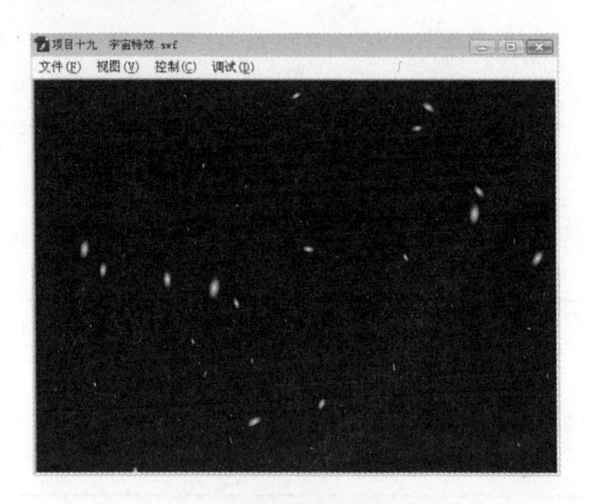

动画效果截图

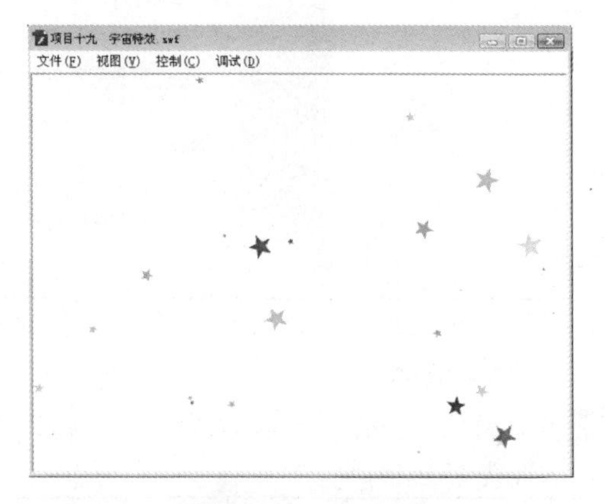

更改影片元件的效果

更改引导线 循环次数的效果

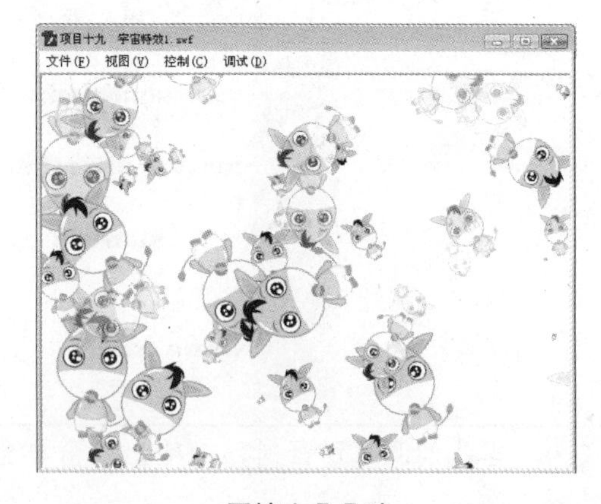

恶搞小凸凸驴

操作步骤

Step 01 新建 Flash 文件（ActionScript 3.0）或按<Ctrl+N>键创建新文档。在属性窗口设置：舞台大小为 550×400，背景为黑色，帧频为 30 帧/s。

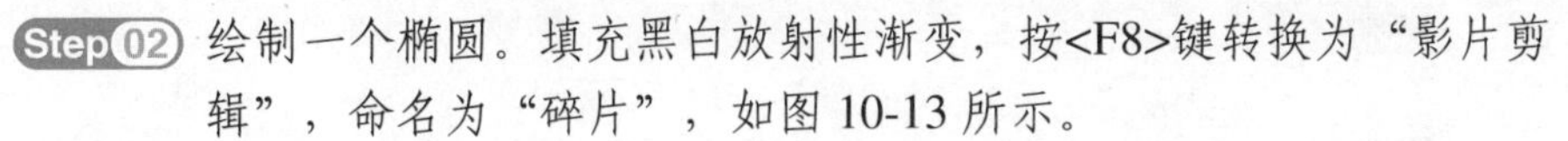

Step02 绘制一个椭圆。填充黑白放射性渐变，按<F8>键转换为“影片剪辑”，命名为“碎片”，如图 10-13 所示。

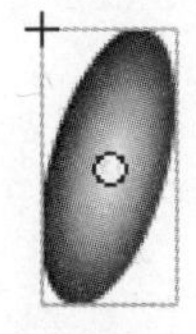

图 10-13

Step03 选中“碎片”元件，再按<F8>键转换为“影片剪辑”，命名为“碎片飞舞”。

Step04 双击进入“碎片飞舞”元件，给碎片添加一个“运动引导层”。画出引导线后，在图层 1 第 40 帧处按<F6>键插入关键帧，并创建补间动画，如图 10-14 所示。

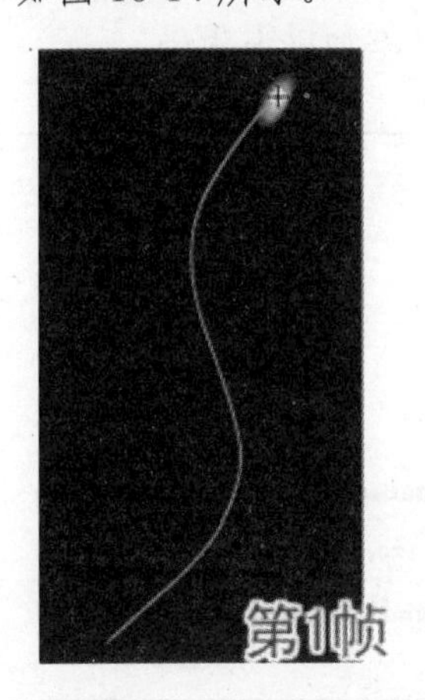

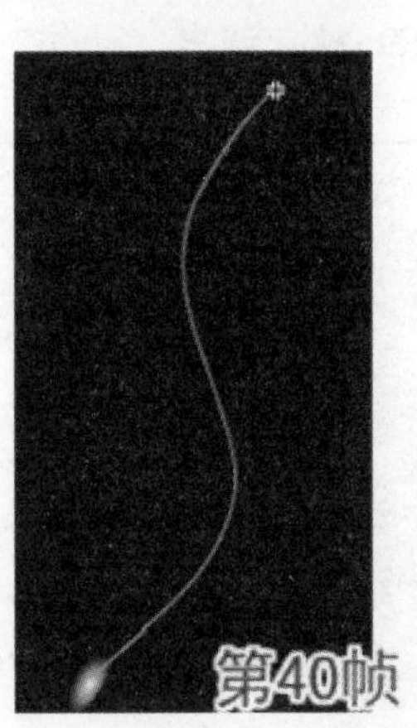

图 10-14

Step05 选中图层 1 的第 1 帧，按<F9>调出“动作”窗口输入以下代码。

代码如下:

```
1  //播放一次，位置重新更新
2  this.x=Math.random()*550
3  this.y=Math.random()*400
```

碎片飞舞时间轴截图如图 10-15 所示。

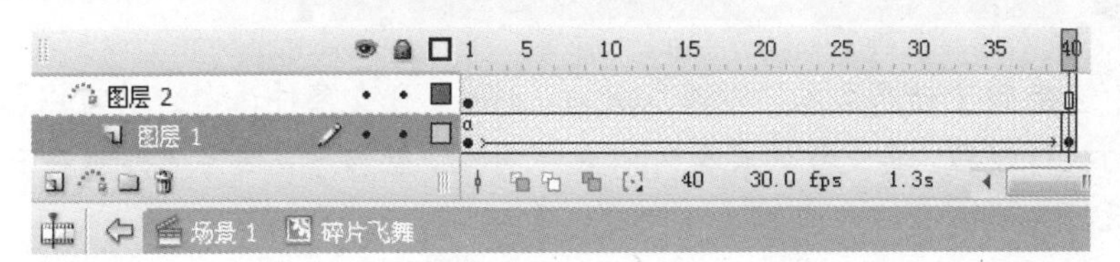

图 10-15

Step06 返回场景 1，删除“碎片飞舞”影片剪辑，清空舞台。在“库”窗口中，右击选择“碎片飞舞”影片剪辑的链接，如图 10-16 所示。

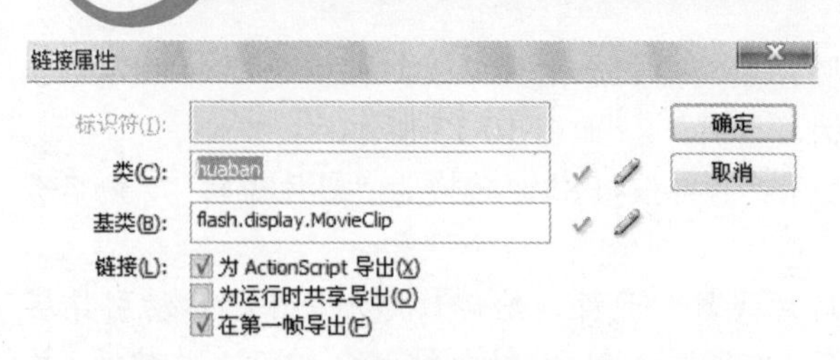

图 10-16

Step 07 在舞台上按<F9>键，调出“动作”窗口添加以下代码。

代码如下：

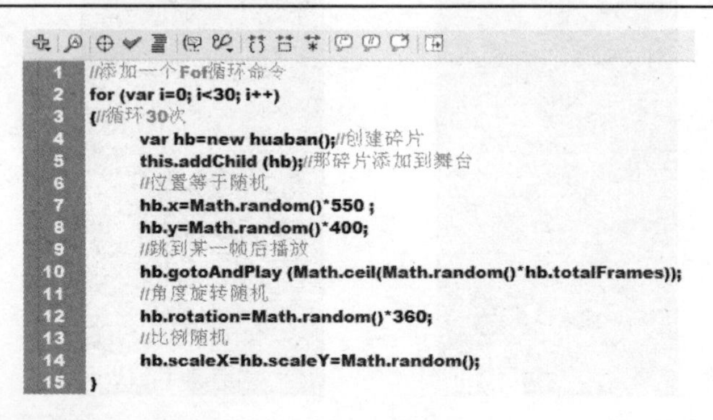

```
1  //添加一个For循环命令
2  for (var i=0; i<30; i++)
3  {//循环30次
4      var hb=new huaban();//创建碎片
5      this.addChild (hb);//那碎片添加到舞台
6      //位置等于随机
7      hb.x=Math.random()*550 ;
8      hb.y=Math.random()*400;
9      //跳到某一帧后播放
10     hb.gotoAndPlay (Math.ceil(Math.random()*hb.totalFrames));
11     //角度旋转随机
12     hb.rotation=Math.random()*360;
13     //比例随机
14     hb.scaleX=hb.scaleY=Math.random();
15 }
```

善意的提示

我们可以通过改动影片剪辑中的图形、引导线形状、循环次数等让随机特效产生不同的酷炫效果。

项目 23 趣味选择题

本实例中运用到了动态文本，以及 switch-case 多分支条件语句。其可以根据变量的值来决定程序的执行流程，其变量的类型可以是字符型、整形等。趣味选择题在 Flash 课件中，运用较为广泛。

学习目标

- 掌握动态文本的用法。
- 掌握 switch-case 的用法。

项目赏析

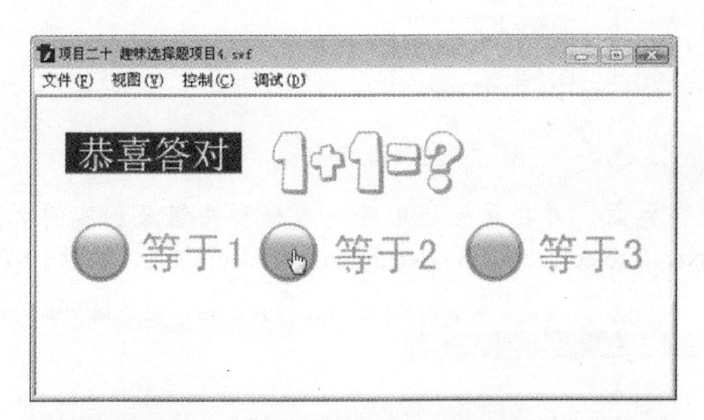

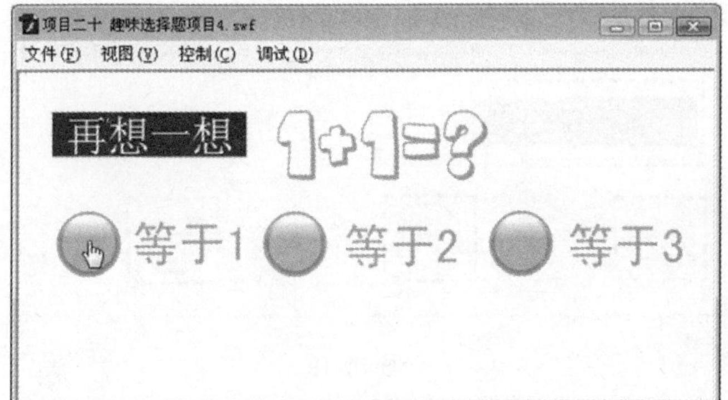

操作步骤

Step01 新建 Flash 文件（ActionScript 3.0）或按<Ctrl+N>键创建新文档。在属性窗口设置：舞台大小为默认。

Step02 首先设计一下舞台的界面。做一个“按钮”元件，然后复制两个，如图 10-17 所示。

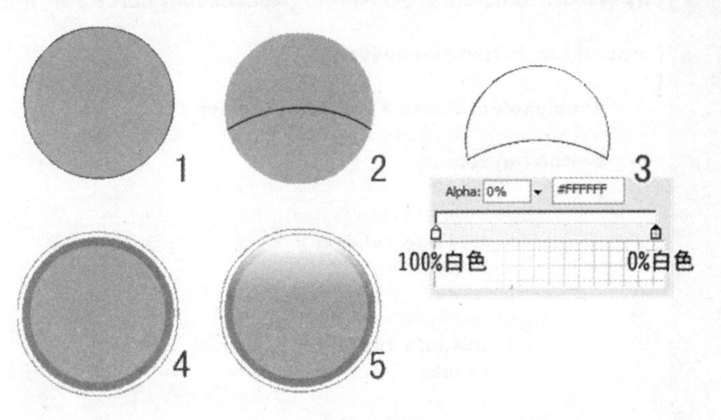

图 10-17

Step03 选中“文本工具 T（T）”，在舞台画出一个文本框。属性窗口中设置其类型为动态文本如图 10-18 所示。

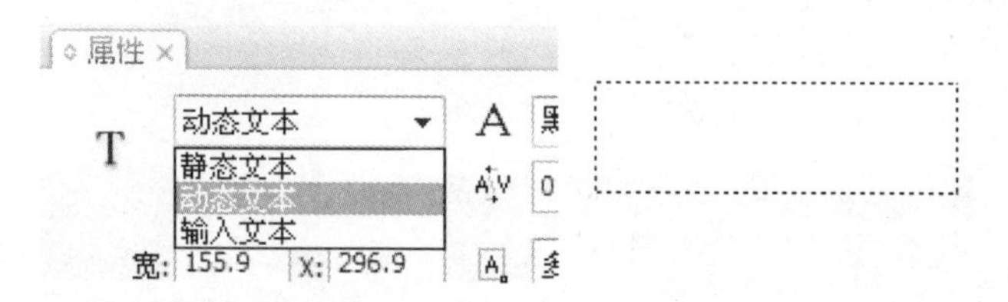

图 10-18

Step 04 设计前台界面，并在属性栏中给文本框和按钮添加实例名。实例名分别为1.info_txt、2.select1_btn、3.select2_btn、4.select3_btn，如图 10-19 所示。

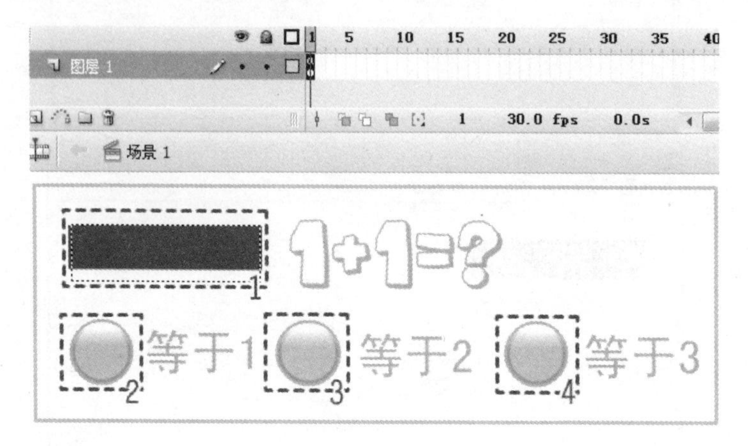

图 10-19

Step 05 选中时间轴的第 1 帧并按<F9>键，调出“动作”窗口添加以下代码。

代码如下:

```
1  //对select1_btn select2_btn  select3_btn分别添加一个点击事件
2  this.select1_btn.addEventListener (MouseEvent.CLICK,run_fn);
3  this.select2_btn.addEventListener (MouseEvent.CLICK,run_fn);
4  this.select3_btn.addEventListener (MouseEvent.CLICK,run_fn);
5  //定义函数
6  function run_fn (evt:MouseEvent)
7  {
8          var mySelect:String = evt.target.name;
9          //当mySelect等于select1_btn 时执行“再想一想”
10         switch (mySelect)
11         {
12                 case "select1_btn" :
13                         this.info_txt.text = "再想一想";
14                         break;
15
16                 case "select2_btn" :
17                         this.info_txt.text = "恭喜答对了";
18                         break;
19
20                 case "select3_btn" :
21                         this.info_txt.text = "遗憾答错了";
22                         break;
23         }
24 }
```

我们可以添加更多的按钮和 case 语句相搭配，如答案 6 选一，10 选一等。

Step 06 按<Ctrl+Enter>键测试影片，当我们点击“等于 2”的按钮时，动态文本显示“恭喜你答对了”。

项目 24 小游戏五子棋

本章实例中我们运用到了 if 判断和 for 循环语句的综合使用，并运用到了帧标签参与 if 判断的知识点。实现了一个人与人之间相互切磋棋艺的小游戏。

学习目标

- 加强对动作脚本的综合理解。
- 掌握五子棋的制作方法。

项目赏析

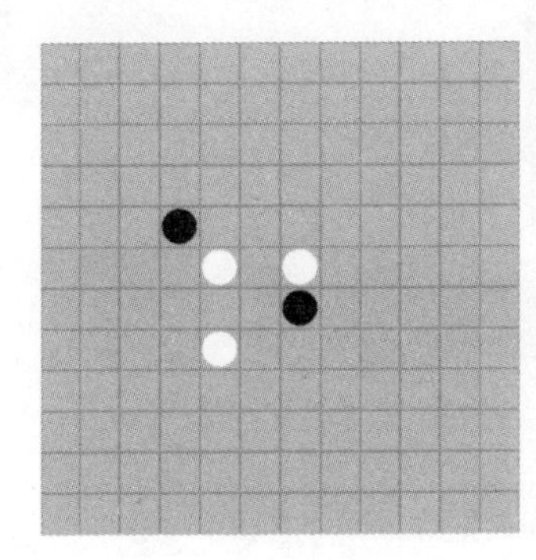

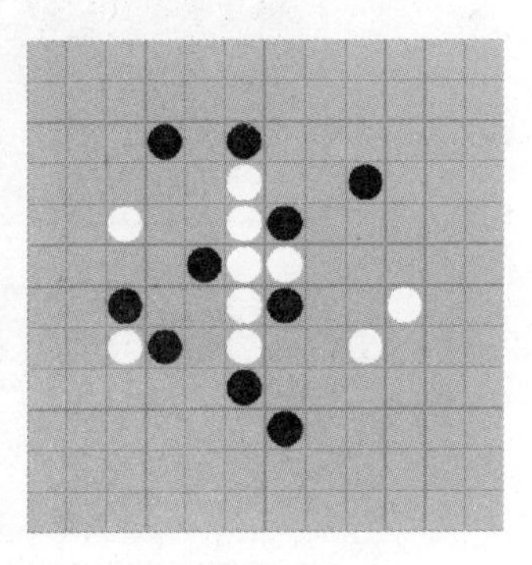

操作步骤

Step 01 新建 Flash 文件（ActionScript 3.0）或按<Ctrl+N>键创建新文档。在属性窗口设置：舞台大小为 800×600 像素。

Step 02 绘制一个正方形，大小为 40×40 像素。按<F8>键转换为“影片剪辑”后，删除舞台上的这个正方形，舞台为空。

Step 03 在“库”窗口中找到“元件 1”影片剪辑后，右击选择“影片剪辑”属性，如图 10-20 所示。

① 点击“高级”按钮，元件属性版面变为高级编辑界面，默认的“高级”按钮变为“基本”按钮，点击“基本”按钮，返回到基本编辑界面。

② 选中“ActionScript 导出”选项。

③ 在“类”输入框中输入 fk，按“确定”按钮完成。

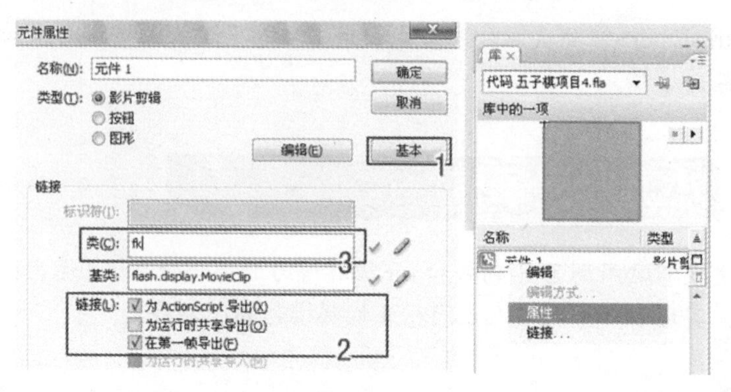

图 10-20

Step 04 在“库”窗口中双击“元件 1”影片剪辑，对其进行编辑，如图 10-21 所示。

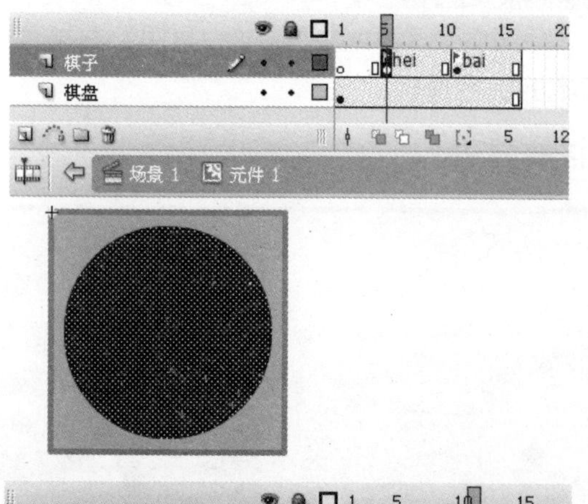

图 10-21

分层画出“黑色”和“白色”的棋子，在“属性”窗口增加“帧标签”hei 和 bai。

Step05 在舞台上按<F9>键，调出“动作”窗口添加以下代码。

代码如下：

```
var jianju=41;//定义变量大小
var curPlayer="bai";//默认玩家颜色
//双循环产生12X12的方框矩阵
for (var i=0; i<12; i++)
{
	for (var j=0; j<12; j++)
	{
		var _fk=new fk();//产生一个方块
		this.addChild (_fk);//听课
		_fk.x=i*jianju+20;//确定位置
		_fk.y=j*jianju+20;
		_fk.stop ();//停止在第一帧
		//注册点击事件
		_fk.addEventListener (MouseEvent.CLICK,click_fn);
	}
}
function click_fn (evt:MouseEvent)
{
	var cur_mc=evt.target;//得到当前点击的方框
	cur_mc.gotoAndStop (curPlayer);//跳到对应的颜色帧
	//删除方块的点击事件
	cur_mc.removeEventListener (MouseEvent.CLICK,click_fn);
	//点击后切换玩家颜色
	if (curPlayer=="bai")
	{
		curPlayer="hei";
	}
	else
	{
		curPlayer="bai";
	}
}
```

善意的提示

找到代码第 1 行，在定义变量间距大小的时候，要按照“影片剪辑”的图形大小去设置，这里我们增加了 1 个像素。

方形大小为 40x40 间距为 41（棋盘正常）

方形大小为 40x40 间距为 21（棋盘变形）

Step06 按<Ctrl+Enter>键测试影片，可以两个人坐在电脑旁，切磋一下棋艺。

项目 25　小游戏　姓名测试

本实例中运用到了自定义数组与 for 循环语句，以及 switch~csae 语句相互结合的综合运用，实现了随机抽取数组元素，和单独抽取特定元素的经典案例，成为了搞笑休闲的“算卦小游戏”。

学习目标

- 学会定义数组。
- 加强代码对代码的综合理解。
- 掌握小游戏姓名测试的制作方法。

项目赏析

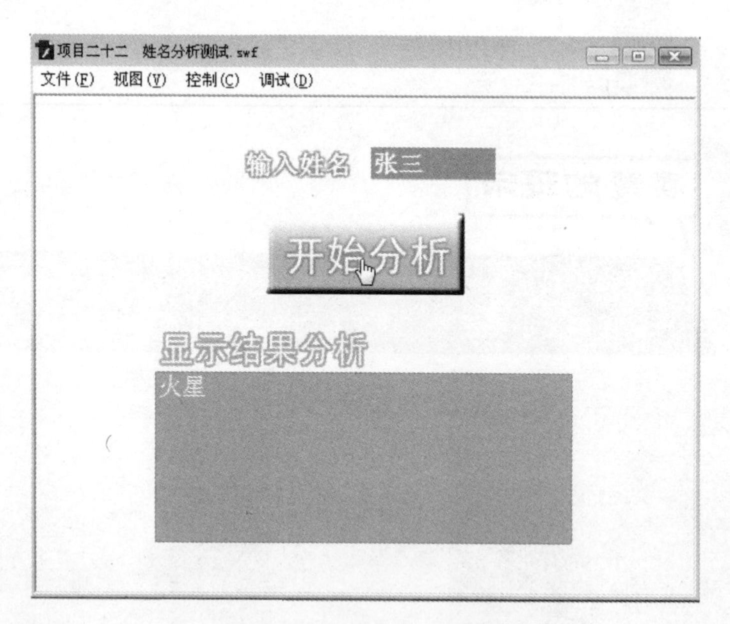

我们随机测试出了一个结果

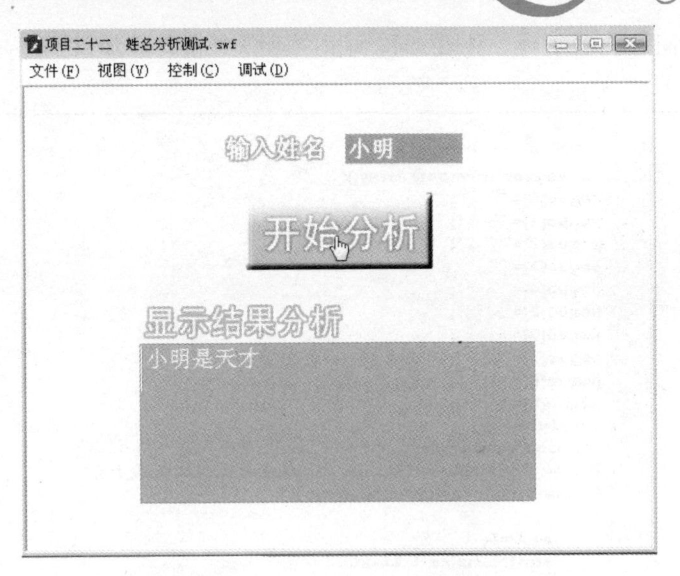

输入指定姓名时，“小明”显示的结果与 case 语句一致

操作步骤

Step01 新建 Flash 文件（ActionScript 3.0）或按<Ctrl+N>键创建新文档。在属性窗口设置：舞台大小为默认。

Step02 在舞台上绘制前台界面，选中“文本工具 T（T）”在舞台上放置两个动态文本框。用“矩形工具（R）”在动态文本下方分别绘制一个矩形。再绘制一个“按钮”元件，如图 10-22 所示。

Step03 在属性窗口分别给动态文本和按钮添加实例名称。输入名称文本为 name_txt，按钮元件为 ok_btn，显示结果文本为 jieguo_txt，如图 10-23 所示。

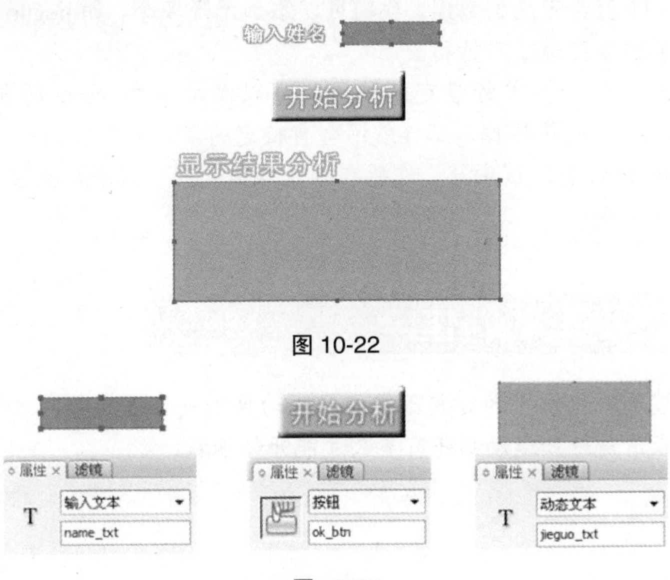

图 10-22

图 10-23

Step 04 选中时间轴的第 1 帧，按<F9>键调出“动作”窗口添加以下代码。

代码如下：

```
1  var jieguo:Array=new Array();
2  jieguo[0]="善良";
3  jieguo[1]="讨喜";
4  jieguo[2]="发怒";
5  jieguo[3]=" 哀愁";
6  jieguo[4]="高兴";
7  jieguo[5]="贪吃";
8  jieguo[6]="古怪";
9  jieguo[7]="仗义";
10 jieguo[8]="有为青年";
11 jieguo[9]="火星";
12 var str:String;
13 var ascii:Number=0;//定义一个变量，用来保存编码数值。
14 this.ok_btn.addEventListener (MouseEvent.CLICK,ok_fn);
15 function ok_fn (evt:MouseEvent)
16 {
17         ascii=0;//每次都清零
18         str=this.name_txt.text;//字符串等于输入姓名
19         for (var i=0; i<str.length; i++)
20         {//循环N次字符串的长度
21                 ascii+=str.charCodeAt(i);//得到编码
22 
23         }
24         ascii%=10;//求10的余数
25         //让结果等于数组对应的内容
26         this.jieguo_txt.text=jieguo[ascii];
27         //单独设定的结果
28         switch (str)
29         {
30                 case "小明" :
31                         this.jieguo_txt.text="小明是天才";
32                         break;
33                 case "小宇" :
34                         this.jieguo_txt.text="小宇很贪吃";
35                         break;
36         }
37 }
```

代码 2～11 行为定义的数组，我们可以添加无限多个，如 jieguo【10】jieguo【100】等。绿色的字符串不可换行。

代码 28～35 行为单独设定的结果，可以添加多个 csae 语句。我们也可以将 switch~csae 完全注释掉，那样就不会有特定的字符串存在。

Step 05 按<Ctrl+Enter>键测试影片，在姓名处任意输入一个姓名，点击开始分析后，会随机进行一个判断。

项目 26 进度条的制作

当一个动画发布到网络中的时候，我们要给动画加一个进度条，方便观众观看动画读取的时间，让观众清楚地知道动画还有多久才能开始播放。

学习目标

- 深入了解动作脚本的结合应用。
- 掌握进度条的制作方法。

项目赏析

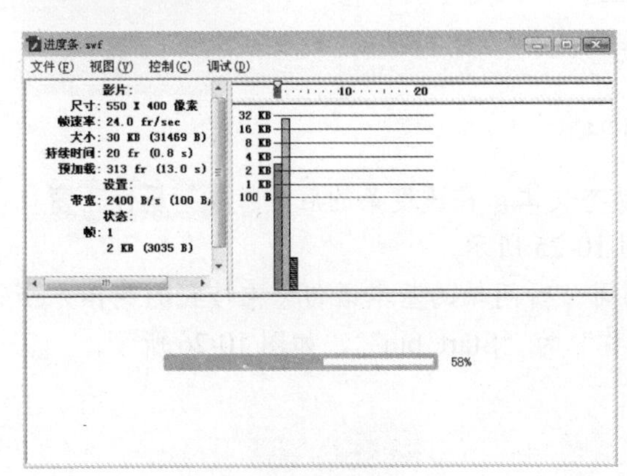

进度条加载中

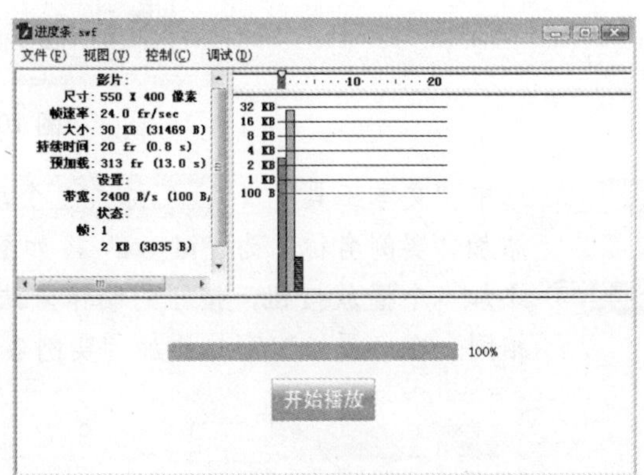

加载完毕等待播放

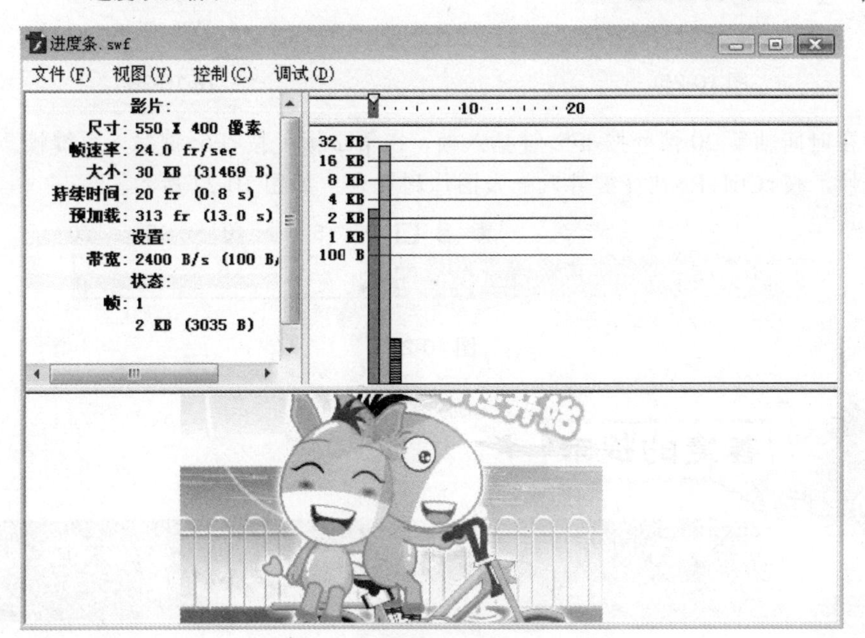

动画播放中

操作步骤

Step 01 新建 Flash 文件（ActionScript 3.0）或按<Ctrl+N>键创建新文档。在属性窗口设置：舞台大小为默认。

Step 02 选中“矩形工具（R）”在舞台上绘制一个长方形。选中长方形的“填充色”并按<F8>键转换为“影片剪辑”。在“属性”窗口添加“实例名称”为“jdt_mc”，并将注册点位置移到左上方。方块的边线 Alpha 值为 50%，如图 10-24 所示。

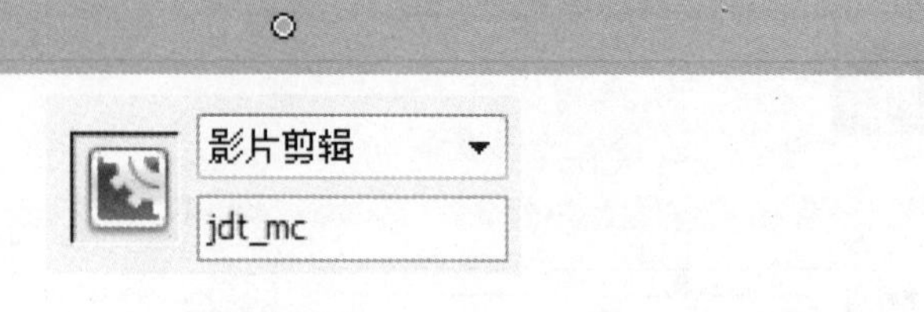

图 10-24

Step 03 选中“文本工具 T（T）”添加一个动态文本，在进度条的后方。在“属性”窗口添加“实例名称”为“jd_txt”，如图 10-25 所示。

Step 04 添加一个播放按钮，按钮的制作方法同“时间轴的基本语句”中按钮的制作方法相同。在“属性”窗口添加“实例名称”为“Start_btn”，如图 10-26 所示。

图 10-25　　图 10-26

Step 05 在时间轴第 20 帧处按<F5>键插入帧，在第 2 帧处按<F6>键插入关键帧。选中第 2 帧，按<Ctrl+R>快捷键导入一张图片到舞台。如图 10-27 所示。

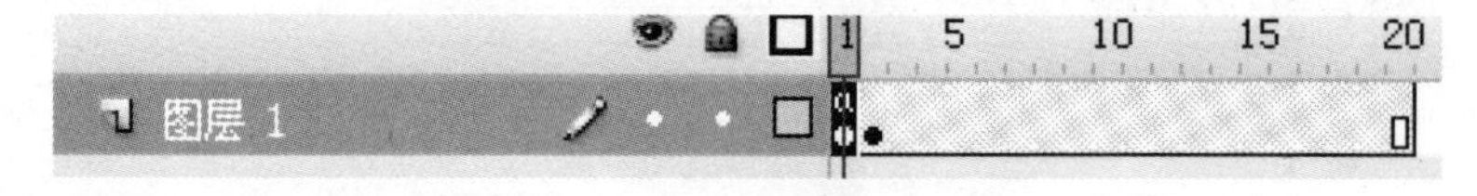

图 10-27

善意的提示
这里导入的图片就相当于动画的正片。我们也可以在第 2 帧直接制作动画正片。

Step 06 选中图层 1 的第 1 帧，按<F9>键调出“动作”窗口输入以下代码。

代码如下：

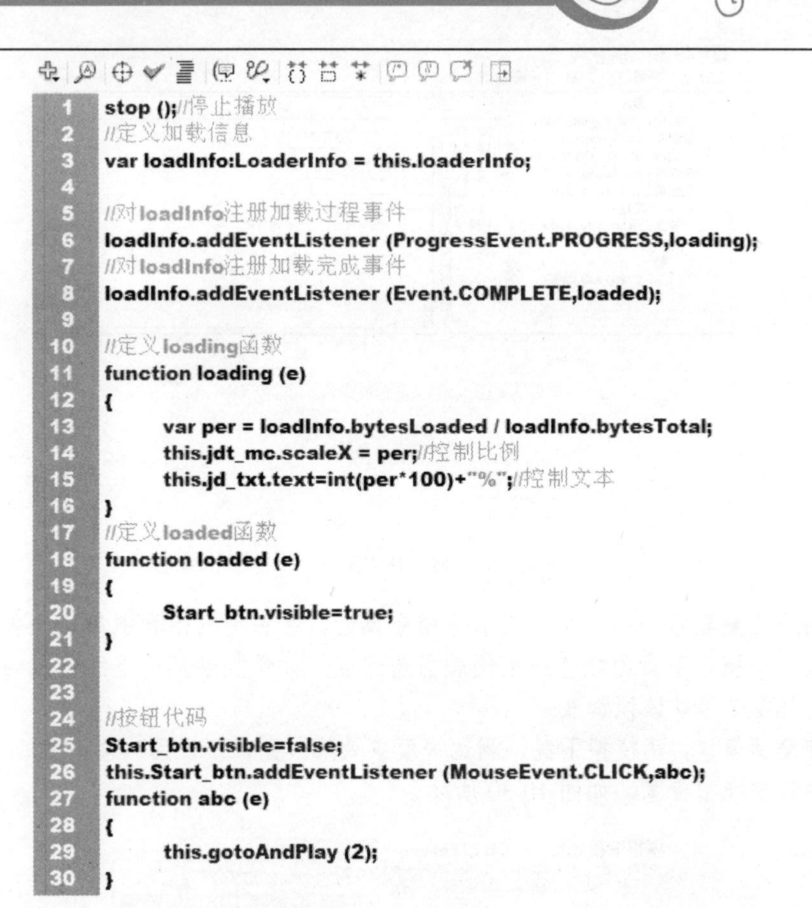

```
stop ();//停止播放
//定义加载信息
var loadInfo:LoaderInfo = this.loaderInfo;

//对loadInfo注册加载过程事件
loadInfo.addEventListener (ProgressEvent.PROGRESS,loading);
//对loadInfo注册加载完成事件
loadInfo.addEventListener (Event.COMPLETE,loaded);

//定义loading函数
function loading (e)
{
	var per = loadInfo.bytesLoaded / loadInfo.bytesTotal;
	this.jdt_mc.scaleX = per;//控制比例
	this.jd_txt.text=int(per*100)+"%";//控制文本
}
//定义loaded函数
function loaded (e)
{
	Start_btn.visible=true;
}


//按钮代码
Start_btn.visible=false;
this.Start_btn.addEventListener (MouseEvent.CLICK,abc);
function abc (e)
{
	this.gotoAndPlay (2);
}
```

Step 07 按<Ctrl+Enter>键测试影片。当我们测试影片后，发现进度条已经处于 100%读满的状况，如图 10-28 所示。

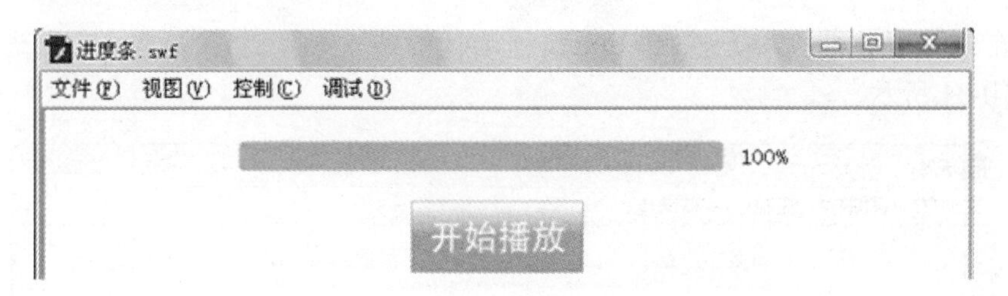

图 10-28

由于动画测试是在本机上进行的，所以导致进度条直接读满。

Step 08 在影片测试窗口中，选择“视图”菜单下的“宽带设置”命令，调出显示下载性能的图表，如图 10-29 所示。

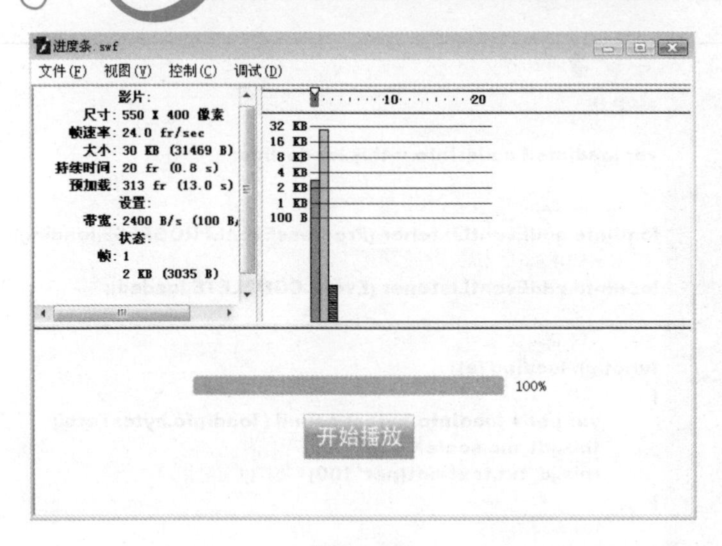

图 10-29

图表左侧显示出影片尺寸大小等相应属性，在右侧的图表中每一个垂直的竖条代表一个帧，下面的红色线条代表当前速度，如果竖条延伸至红色线条以上，表明文档需要等待该帧加载。

Step 09 在测试窗口，用模拟下载，测试进度条效果。先在“视图”菜单中的“下载设置”中设置模拟带宽，如图 10-30 所示。

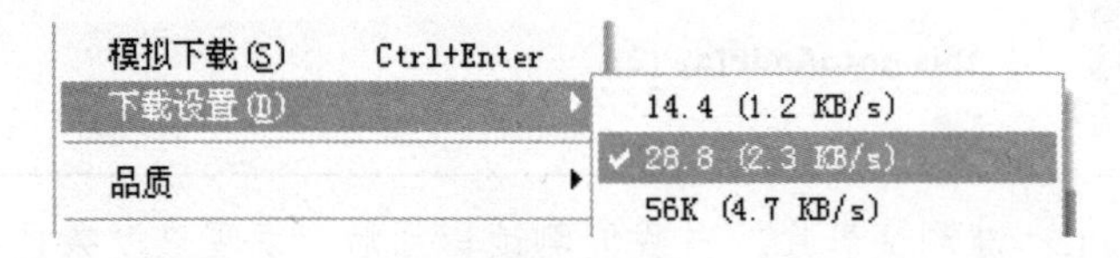

图 10-30

Step 10 在测试窗口再次按下<Ctrl+Enter>键测试动画效果，进度条开始读取进度，如图 10-31 所示。

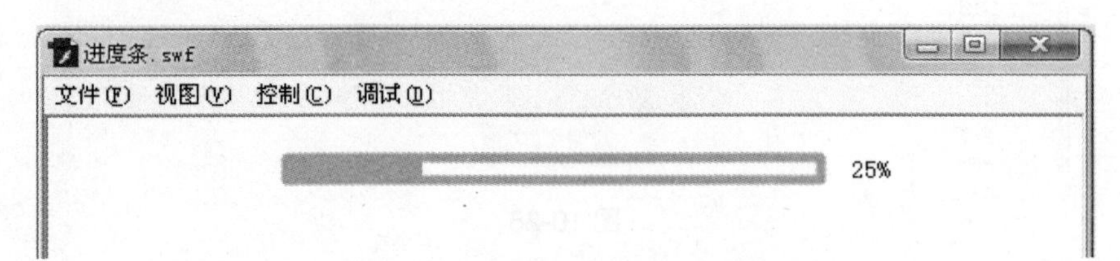

图 10-31

项目 27 滚动的文本框

本项目学习比较常用的滚动条动画效果。在制作 Flash 课件或电子相册时经常会遇到滚动条来控制过长的文本框。这样可逐步地查看文本框中的文字。

学习目标

- 掌握高级的声明变量。
- 理解各种函数的功能。
- 掌握文本框的制作。

项目赏析

Flash1.0
Flash2.0
Flash3.0
Flash4.0

Flash3.0
Flash4.0
Flash5.0
Flash6.0

Flash6.0
Flash7.0
Flash8.0
Flash9.0

操作步骤

Step 01 新建 Flash 文件（ActionScript 3.0）或按<Ctrl+N>键创建新文档。在属性窗口设置：默认。

Step 02 在舞台中用“文本工具 T （T）”绘制一个较大的动态文本，在动态文本内输入一些文字。选中文本框，右击鼠标，勾选“可滚动”，如图 10-32 所示。

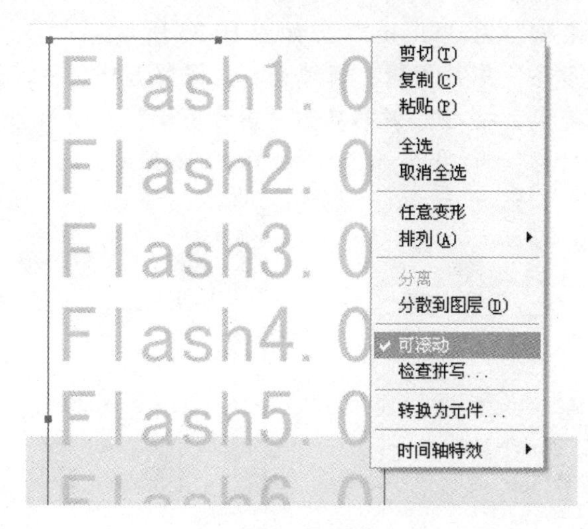

图 10-32

Step 03 将文本框的高度缩小一些，只显示 4 行文字。用选择工具去调节文本框本身的显

示高度，不要用“任意变形工具”去调节，如图 10-33 所示。

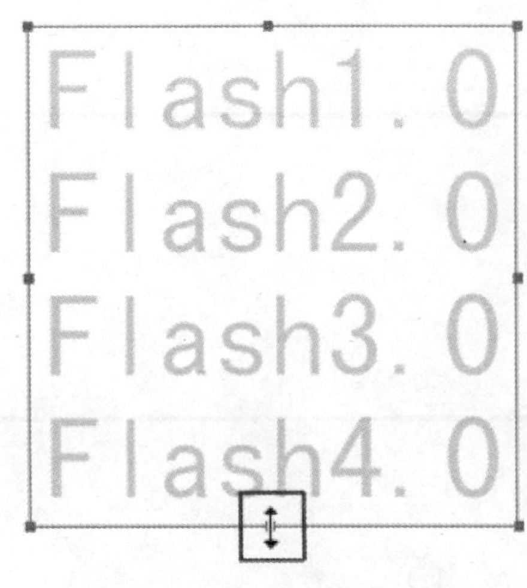

正确的调节

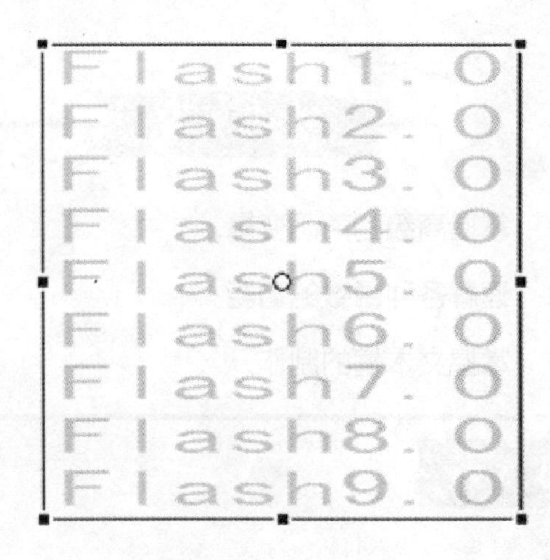

错误的调节

图 10-33

Step 04 在“属性”窗口给动态文本添加“实例名称”为 word_txt，如图 10-34 所示。

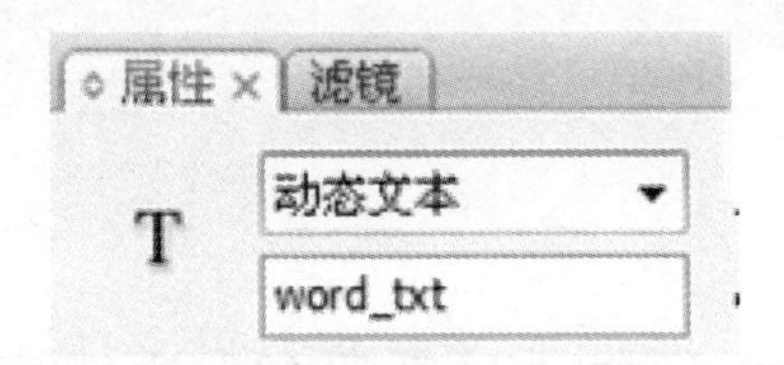

图 10-34

Step 05 选中“矩形工具（R）”绘制下拉进度条。

Step 06 将矩形选中并按<F8>键转换为“影片剪辑”并命名为“进度条”。在“属性”窗口添加“实例名称”为“jdt_mc”，如图 10-35 所示。

Step 07 双击进入“进度条”影片剪辑，将填充色只保留五分之一，删除多余填充色后，选中剩余的填充色，按<F8>键转换为“影片剪辑”并命名为“控制”。在属性窗口添加“实例名称”为“bar_mc”，如图 10-36 所示。

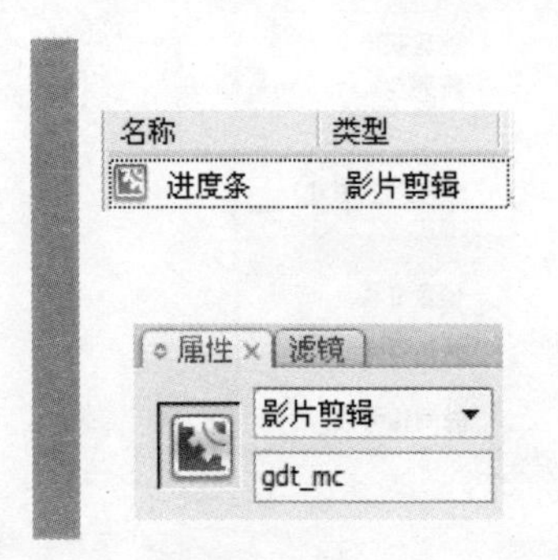

图 10-35

图 10-36

Step 08　选中图层 1 的第 1 帧，按<F9>键调出“动作”窗口输入以下代码。
代码如下：

```
1  //计算滑块移动的范围值h
2  var h=this.gdt_mc.height-this.gdt_mc.bar_mc.height;
3  //定义滑块移动的范围
4  var bianjie:Rectangle=new Rectangle(0,0,0,h);
5  //对鼠标注册按下事件。按下后可以拖动
6  this.gdt_mc.bar_mc.addEventListener
7  (MouseEvent.MOUSE_DOWN,startDrag_fn);
8  //定义stopDrag_fn函数。停止拖动
9  function stopDrag_fn (evt:MouseEvent)
10 {
11         this.gdt_mc.bar_mc.stopDrag ();
12         //删除舞台事件
13         stage.removeEventListener
14         (MouseEvent.MOUSE_MOVE,getPercent_fn);
15         stage.removeEventListener
16         (MouseEvent.MOUSE_UP,stopDrag_fn);
17 }
18 //定义startDrag_fn函数。开始拖动
19 function startDrag_fn (evt:MouseEvent)
20 {
21         this.gdt_mc.bar_mc.startDrag (false,bianjie);
22         //注册舞台事件
23         stage.addEventListener (MouseEvent.MOUSE_UP,stopDrag_fn);
24         stage.addEventListener (MouseEvent.MOUSE_MOVE,getPercent_fn);
25 }
26 //鼠标拖动并移动时。得到百分比
27 function getPercent_fn (evt:MouseEvent)
28 {
29         var per=this.gdt_mc.bar_mc.y/h;
30 
31         //根据百分比确定文本的行数。
32         this.word_txt.scrollV=int(this.word_txt.maxScrollV*per);
33 }
```

Step 09　按<Ctrl+Enter>键测试影片，当我们拉动滚动条时，动态文本上下滚动。

项目 28　小游戏 弓箭发射

本项目实例中运用到了多个声明函数，来完成弓箭发射的制作，当在 swf 文件中用鼠标点击舞台时，随着鼠标点击的快慢，弓箭的发射速度也随之改变。这是一款非常有意思的“发泄型”小游戏。

学习目标

- 看注释理解代码的含义。
- 掌握弓箭发射的制作。

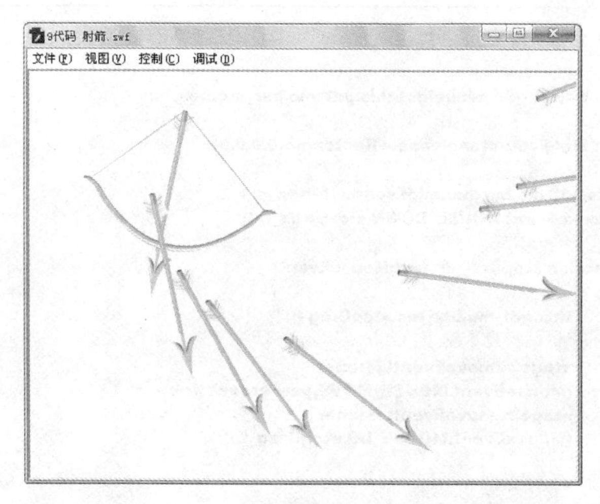

万箭齐发

操作步骤

Step 01 新建 Flash 文件（ActionScript 3.0）或按<Ctrl+N>键创建新文档。在属性窗口设置：舞台大小为 550×400 像素。帧频为 30 帧/s。

Step 02 首先在舞台绘制弯弓，如图 10-37 所示的绘制步骤。

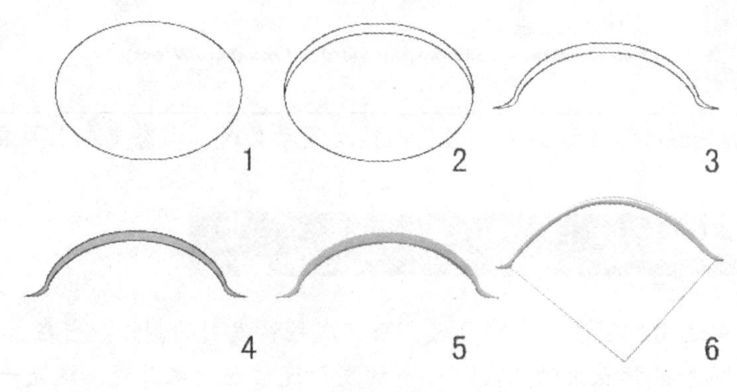

图 10-37

Step 03 绘制箭，如图 10-38 所示的步骤。

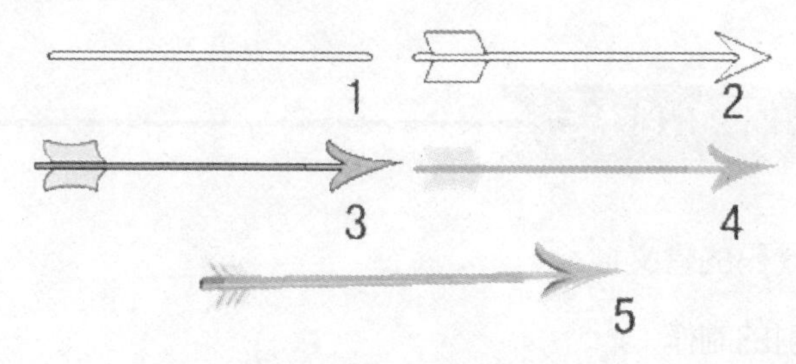

图 10-38

Step 04 将“箭”和“弓箭”分别转换为“影片剪辑”并在属性窗口为其起名，如图 10-39 所示。

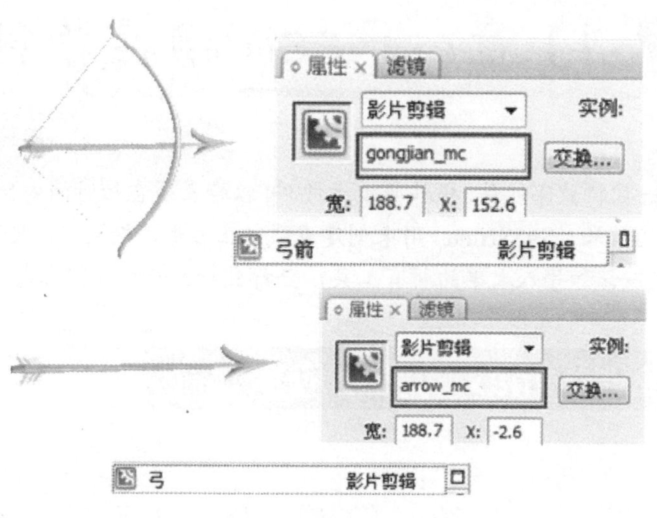

图 10-39

Step 05 选中图层 1 的第 1 帧，按<F9>键调出“动作”窗口输入以下代码。

代码如下：

```
//箭的速度
var jianSu=40;
//对gongjian_mc注册进入帧事件
this.gongjian_mc.addEventListener (Event.ENTER_FRAME,
                                   showJIaodu_fn);
//给舞台注册点击事件
stage.addEventListener (MouseEvent.CLICK,shechu_fn);
//调整弓箭的角度
function showJIaodu_fn (evt:Event)
{
      //根据鼠标坐标计算角度
      this.gongjian_mc.hudu=Math.atan2
      (this.mouseY-this.gongjian_mc.y, this.mouseX-this.
                                   gongjian_mc.x);
      //弧度变角度
      this.gongjian_mc.rotation=this.gongjian_mc.hudu*180/Math.PI;
}
//产生箭，并让箭移动
function shechu_fn (evt:MouseEvent)
{
      var jian_mc=new jian();//产生箭
      jian_mc.x=gongjian_mc.x;//确定箭位置
      jian_mc.y=gongjian_mc.y;
      jian_mc.hudu=gongjian_mc.hudu;//确定弧度
      jian_mc.rotation=gongjian_mc.rotation;//确定角度
      this.addChild (jian_mc);//添加舞台
      //对jian_mc注册进入帧事件
      jian_mc.addEventListener (Event.ENTER_FRAME,she_fn);
}
//定义she_fn函数
function she_fn (evt:Event)
{
      var curJian_mc=evt.currentTarget;//事件当前对象。箭
      //箭移动
      curJian_mc.x+=jianSu*Math.cos(curJian_mc.hudu);
      curJian_mc.y+=jianSu*Math.sin(curJian_mc.hudu);
}
```

Step 06 按<Ctrl+Enter>键测试影片。鼠标点击，万箭齐发。

第 11 章　Flash 相关软件

SwiSHmax 是一款特效字软件，操作简单方便，可以轻易地在短时间内制作出复杂的文本、图像、图形和声音的效果。SwiSHmax 用来创建直线、正方形、椭圆形、贝塞尔曲线、动作路径、精灵、rollover 按钮和导入表单的所有工具，全都囊括在一个非常容易使用的界面里。

项目 29　SwiSHmax 的基本应用

学习目标

- 了解 SwiSHmax 的基本操作。
- 掌握 SwiSHmax 与 Flash 结合应用。

项目赏析

更多 SwiSHmax 特效预览。

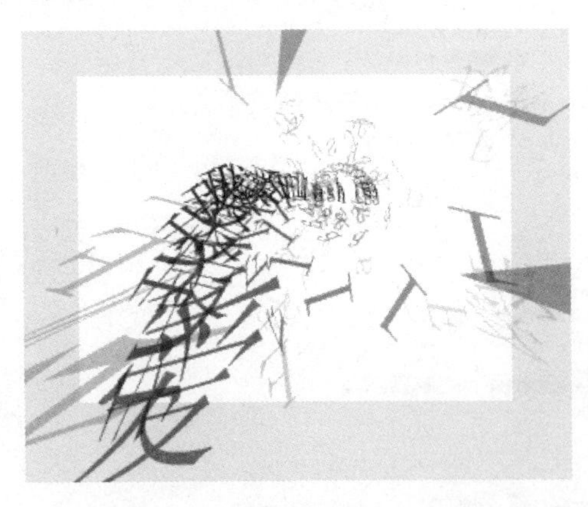

向外涡流

爆炸

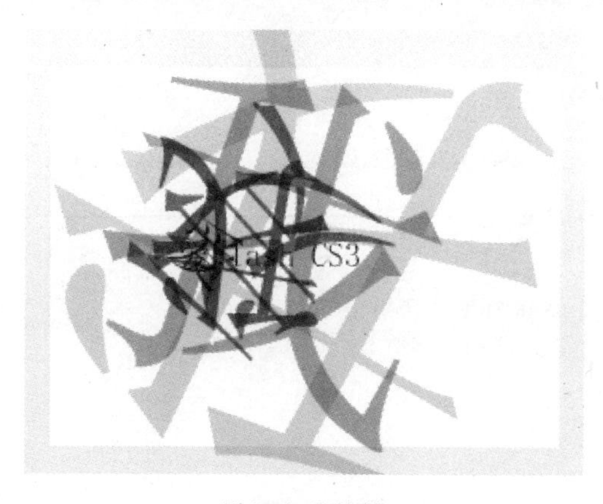

旋涡向外旋转

曲折

以上效果为 Flash 中洋葱皮效果截图。

操作步骤

Step01 点击 SwiSHmax 图标打开软件。

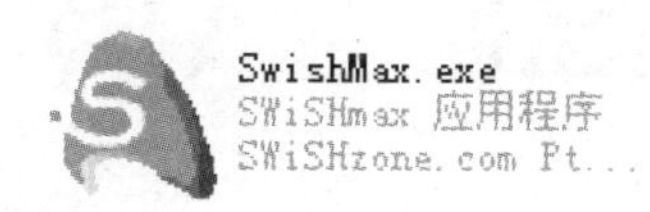

Step02 开始新建一个空影片，如图 11-1 所示。

Step03 选中“文本工具 T ”在舞台上绘制一个文本框，在软件右下方重新输入文字为“我爱 Flash CS3”，如图 11-2 所示。

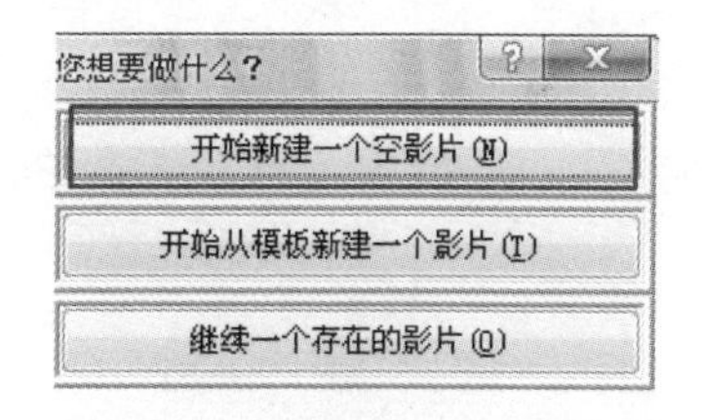

启动时显示该提示

图 11-1

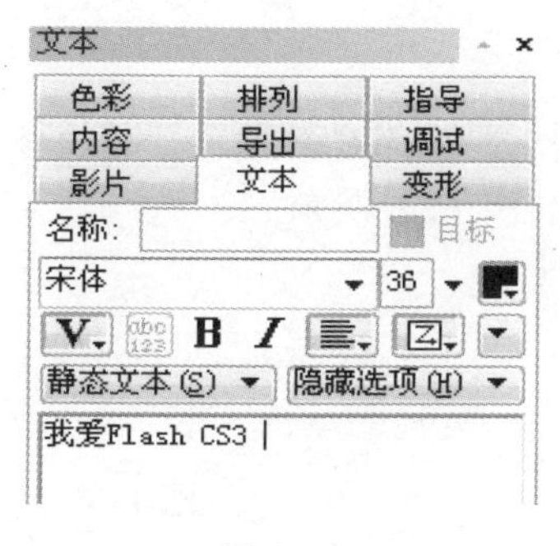

图 11-2

更改文本框状态如图 11-3 所示

我爱Flash CS3

鼠标为 状态时可以拉动文本框

图 11-3

Step04 添加一个“3D 比例和旋转”特效，如图 11-4 所示。

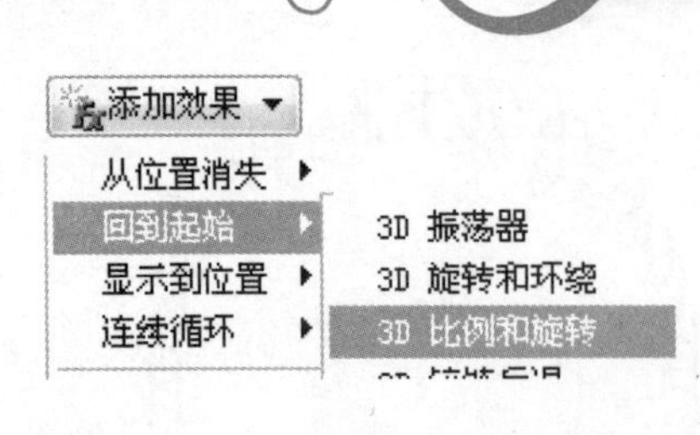

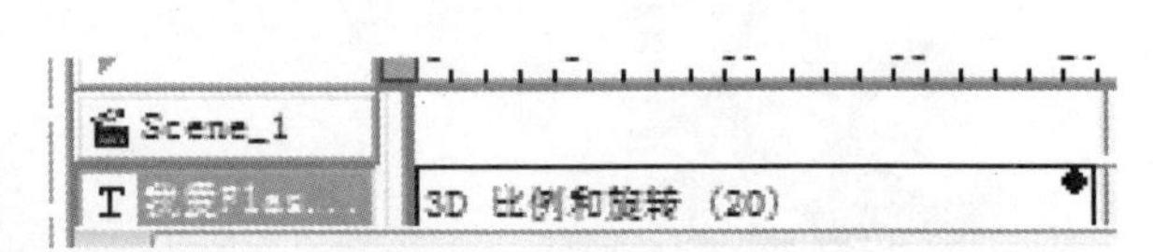

时间轴增加了效果

图 11-4

Step 05 测试动画效果。

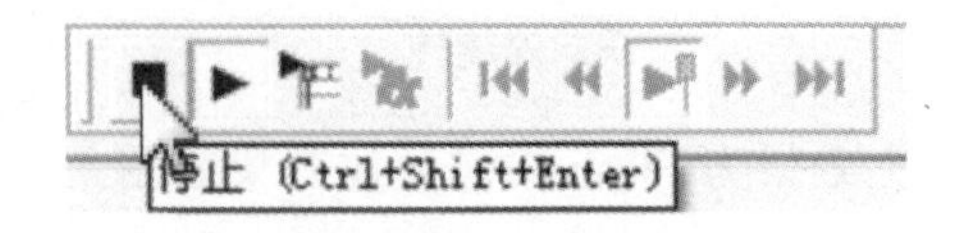

Step 06 选择菜单“文件→导出→SWF”命令，导出 SWF 文件，如图 11-5 所示。

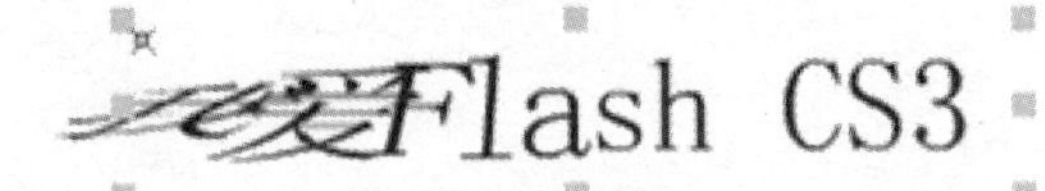

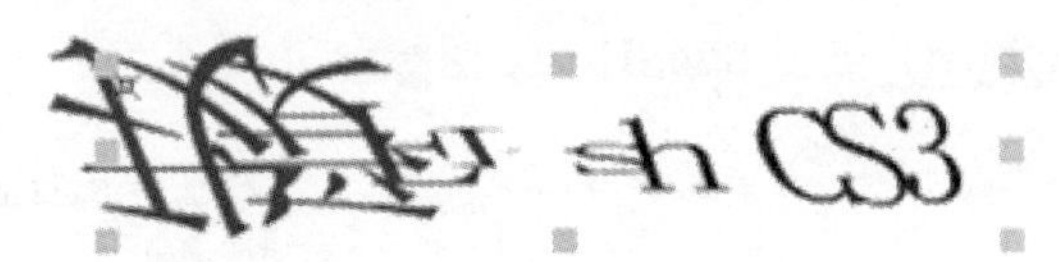

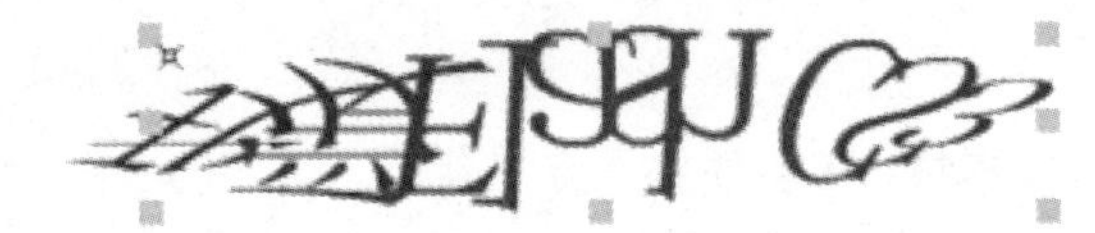

图 11-5

Step 07 打开 Flash CS3 软件，按快捷键<Ctrl+R>将刚刚导出的 SWF 文件导入到 Flash 中，如图 11-6 所示。

图 11-6

Step 08 在“库”窗口中会发现增加了很多个元件，如图 11-7 所示。

我们可以用洋葱皮效果选中时间轴上的所有元件，按快捷键<Ctrl+B>将其打散，这样就能删除默认生成的很多元件了。

名称	类型
元件 1	图形
元件 2	图形
元件 3	图形
元件 4	图形
元件 5	图形
元件 6	图形
元件 7	图形
元件 8	图形
元件 9	图形
元件 10	图形

图 11-7

项目 30　Ulead COOL 3D 的基本应用

Ulead COOL 3D 软件可以使您的文字和形状轻松地自定义成醒目的三维作品。动画时间轴非常易用，并且功能强大。使您的动画与众不同，可以从百宝箱中拖放出各种特效和动画效果。效果专业酷炫。即可渲染出静态 3D 字，也可渲染出动态 3D 效果的位图软件。

学习目标

- 了解 Ulead COOL 3D 和 EnVector 的基本操作。
- 制作一个 3D 动画特效。

项目赏析

动画效果截图

Ulead COOL 3D 软件截面图如图 11-8 所示。

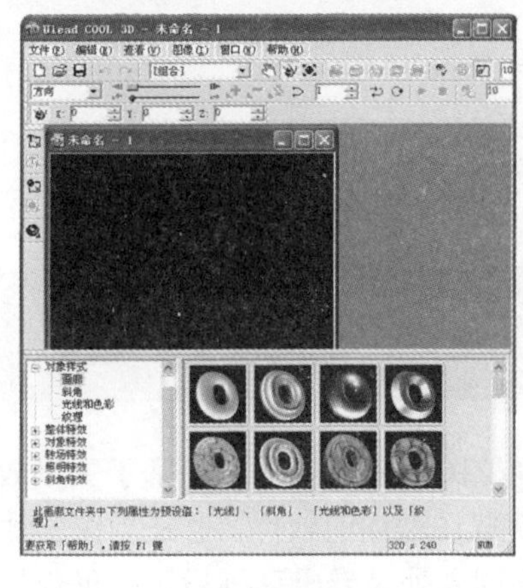

图 11-8

操作步骤

Step 01 选择菜单下的“编辑→插入文字”命令，输入英文“Flash”，如图 11-9 所示。

图 11-9

Step 02 给文字添加一个样式。选择对象样式中的画廊，如图 11-10 所示。从图中可以看出文字的立体感增强了。

Step 03 给文字添加一个特效，选择对象特效中的文字波动，如图 11-11 所示。

图 11-10

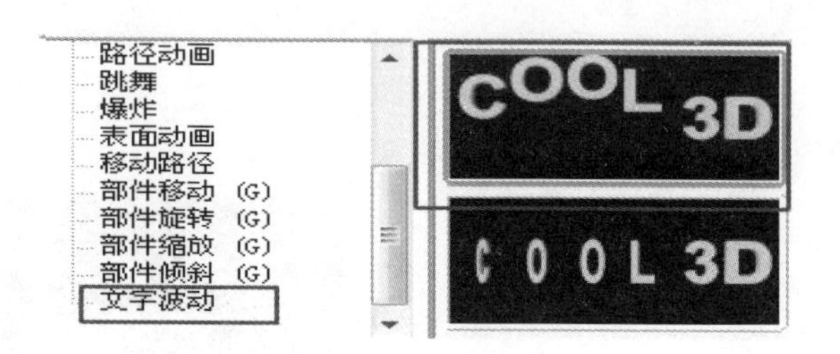

图 11-11

Step 04 生成 swf 文件。选择菜单下的“文件→导出到 swf”，生成动画效果。在生成动画的时候有两个选项分别为：Bitmap 和 JPEG。Bitmap 的效果为背景透明，JPEG 则带有背景色。

COOL 3D 导出 swf 后，已经变为逐帧显示的位图，我们可以先在菜单中选择“图像→尺寸”命令更改画布大小，调整到合适的动画尺寸再制作动画效果。同时在“帧数目”和“每秒帧数” 10 帧 15 fps 两个选项中更改动画的长度和帧频率，与 Flash 相同。

善意的提示

当我们添加对象特效时，不要一直去双击特效查看效果。查看一个特效后，要点击左下角的“效果打开/关闭”按钮还原特效。

由于 COOL 3D 生成的效果为位图。软件更附带了基于矢量效果的 EnVector 软件。

EnVector 是安装 COOL 3D 后默认增加的软件，也是制作三维文字动画的软件。它的操作方法与 COOL 3D 大致相同。不同之处是导出动画后，图形效果为矢量。

项目 31　Cool Edit Pro 的基本应用

cool edit pro 是一款音频处理软件，其具有录音、声音放大、降低噪音、压缩、扩展、回声、失真、延迟等声音处理功能。你可以同时处理多个音频文件，轻松地在几个文件中进行剪切、粘贴、合并、重叠声音、音频格式转换等操作。操作简单快捷。

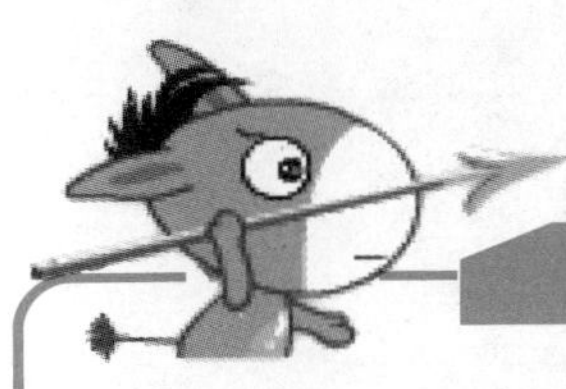

学习目标

- 了解 Cool Edit Pro 的操作界面。
- 掌握 Cool Edit Pro 的录音功能。
- 掌握音频的剪切、复制、粘贴等功能。
- 掌握多轨音乐合成。

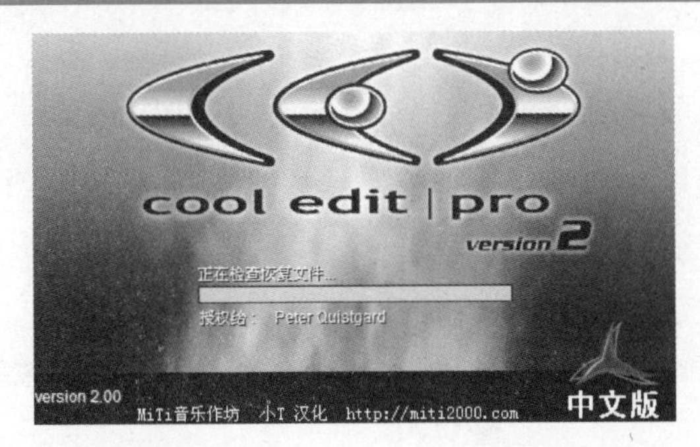

coolpro2...

项目赏析

cool edit pro 中默认的 CEP21-Theme.ses 多轨文件

操作步骤

Step 01 操作界面的介绍，Cool Edit Pro 的操作页面分为单轨编辑模式和多轨编辑模式两种，如图 11-12 所示。

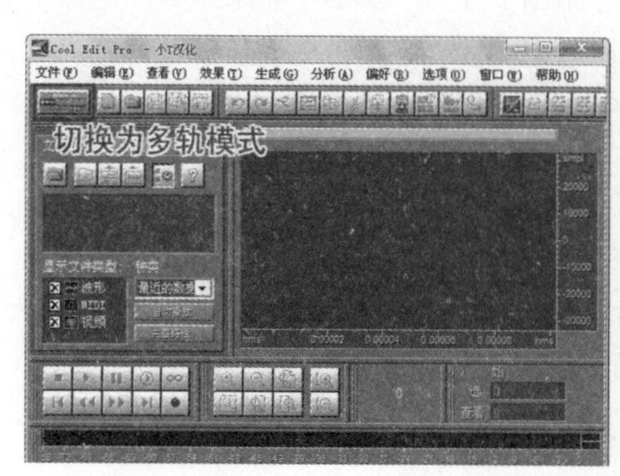

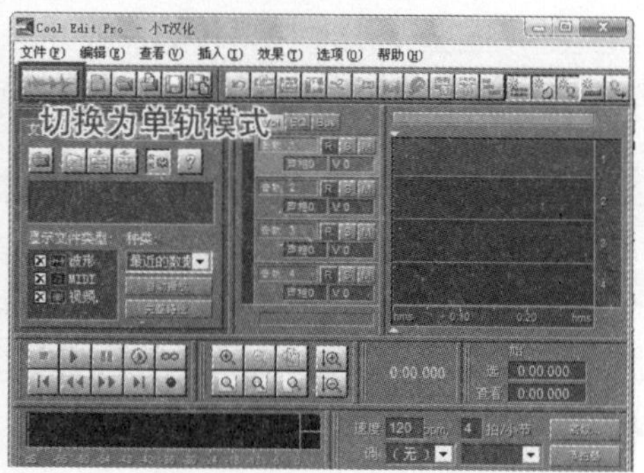

图 11-12

Step 02 在单轨模式下，选择菜单下的“文件→打开”命令导入一段音乐，如图 11-13 所示。

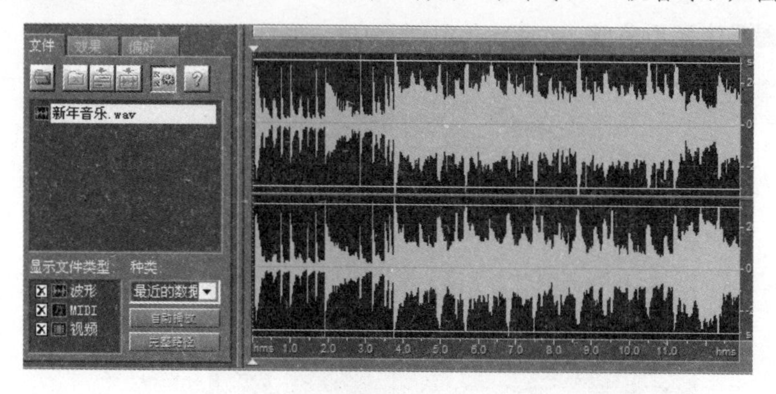

图 11-13

Step 03 选择菜单下的“效果→常用效果→回声”命令。当每处理一个音乐特效时，音波都会发生相应的变化。

Step 04 用鼠标圈选一段音波，右击鼠标，在菜单中可以对音波进行各种设置。按<Del>键可以直接删除音波，如图 11-14 所示。

选取查看 Ctrl+Shift+A
选取全部波形 Ctrl+A
插入到多轨中 Ctrl+M
剪切 Ctrl+X
复制 Ctrl+C
复制为新的
粘贴 Ctrl+V
混合粘贴 Ctrl+Shift+V
反向 Ctrl+T
静音
增加到提示列表中 F8
波形选项 Ctrl+P

图 11-14

Step 05 选择菜单下的“文件→新建”命令添加一个采样率为 44100 的波形文件。点击左下角的录音按钮，添加一段录音，如图 11-15 所示。

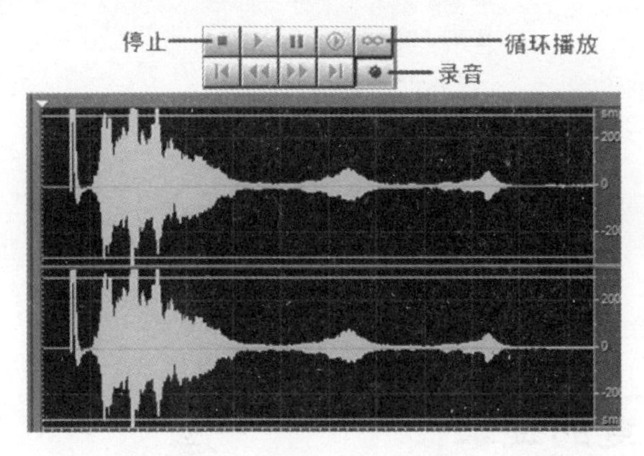

图 11-15

Step 06 切换到多轨模式。多轨模式中有多个音频轨道，如要在多轨模式中录音，除了点下“录音”按钮外，还要点击音轨中的“录音”按钮，在音轨 1 中录音，如图 11-16 所示。

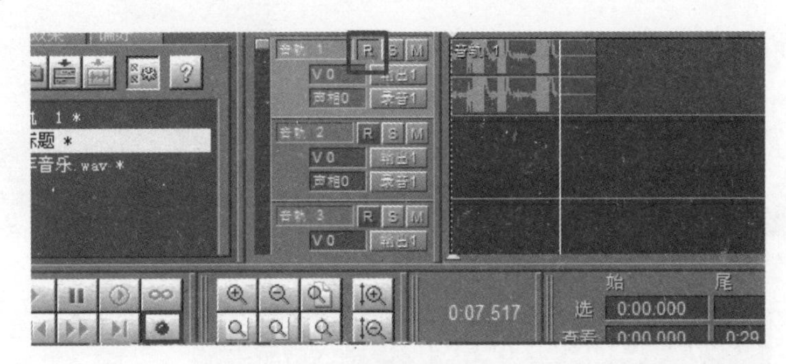

图 11-16

Step 07 选中左面“文件”窗口下的音频文件可以拖动到音轨 2、音轨 3 上。按住鼠标右键点击音波，可以移动音波前后的位置，如图 11-17 所示。

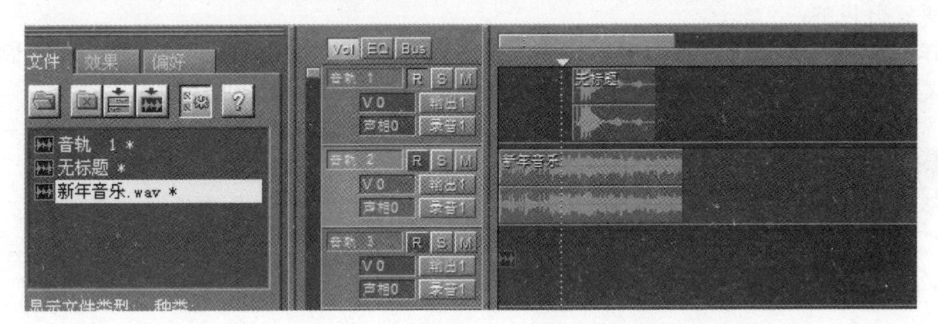

图 11-17

Step 08 音轨调节完毕后，选择菜单中“文件→混缩另存为”命令，选择 MP3 格式完成保存。当插上麦克风时，点击“录音”按钮后，仍无法实现录音，这个时候应点击菜单中的“选项→录制调音台”命令，在“录音控制”窗口中，在“选项→属性”中勾选

"麦克风"即可，如图 11-18 所示。

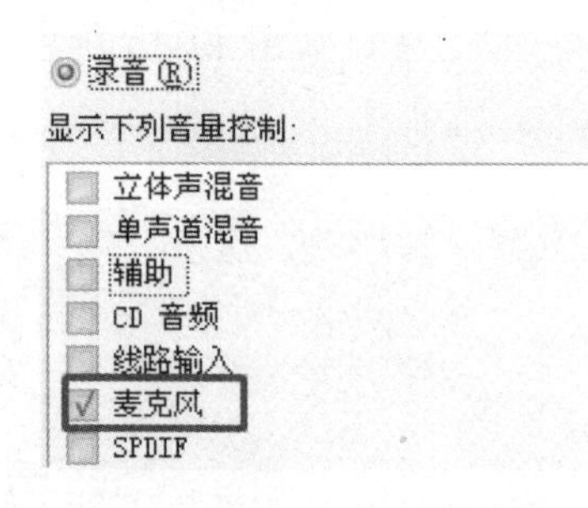

图 11-18

善意的提示

我们可以将一些好听的流行歌曲、电影插曲中的动听节奏用 cool edit pro 进行部分截取后再配凑起来，DIY 出一首新歌。

技巧速记

cool edit pro 也可以进行音频格式的相互转换，打开一个.mp3 格式的文件，可以另存为.wma 等格式。

项目 32 SWF Decompiler 的应用

SWF Decompiler（闪客精灵）是一款破解 Flash 源文件（即.FLA）的"间谍"软件。其可以将 SWF 文件转换为 FLA 文件，也可以将 Flash 中的帧、位图、元件、声音、动作脚本等逐步分解出来。

但大家要记住一点，我们用闪客精灵的目的并不是"利用"或"偷窃"他人的作品而达到某种目的。而是要学习高手们在制作动画时的技巧和方法，取长补短。

学习目标

- 认识闪客精灵的各种功能。
- 掌握将 SWF 文件破解为 FLA 源文件。

操作步骤

Step 01 打开闪客精灵软件，认识一下闪客精灵中比较主要的工作窗口，如图 11-19 所示。

图 11-19

① 资源管理器：可以在资源管理器中找到 SWF 文件所在文件夹的路径。

② 源视图：在资源管理器中找到相应的 SWF 后，双击打开，SWF 的画面就会出现在源视图窗口中，自动播放。

③ 资源：SWF 文件中的所有元素都会在资源窗口中显示。

下面就分别破解一个动画 SWF 文件，一个代码 SWF 文件。

Step 02 在资源管理器中找到我们制作过的“圣诞老人和凸凸驴.swf”文件，如图 11-20 所示。

图 11-20

Step 03 我们可以直接选择 导出 FLA(F) 命令。导出完整的 FLA 源文件，如图 11-21 所示。

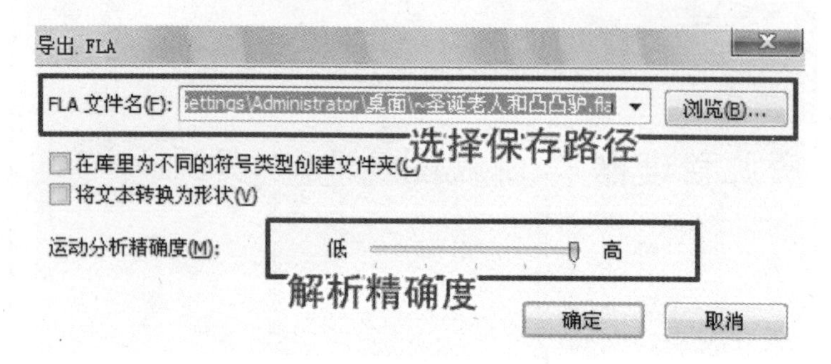

图 11-21

Step 04 点击“导出资源”按钮导出指定的元素，如图 11-22 所示。

图 11-22

Step 05 我们直接用 导出 FLA(F) 导出 FLA 文件。选 Flash CS3（9.0）格式。 导出为 Flash CS3 (9.0) 格式(9) (Recommended) 双击打开用闪客精灵解析出来的“圣诞老人和凸凸驴.fla”文件，查看源文件。解析后的时间轴如图 11-23 所示。

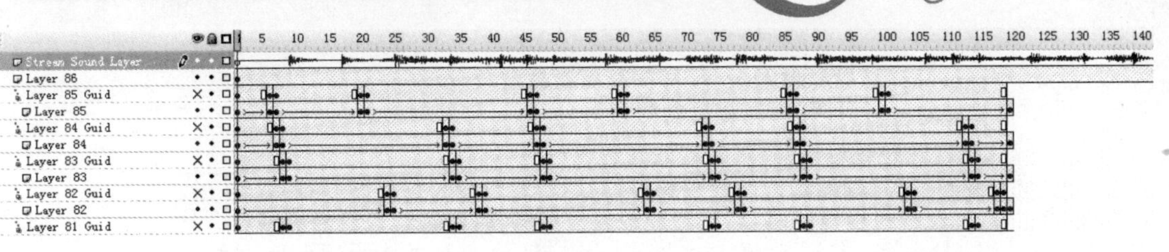

图 11-23

Step 06 再打开项目实例中的“圣诞老人和凸凸驴.fla”文件，与闪客精灵破解的时间轴做一下比较。项目实例中的时间轴如图 11-24 所示库的对比如图 11-25 所示。

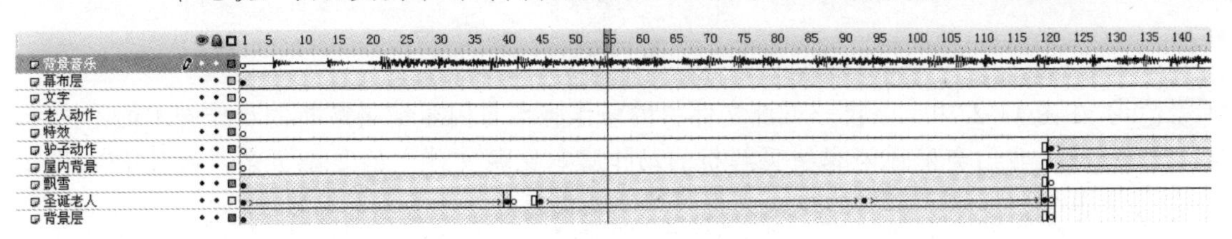

图 11-24

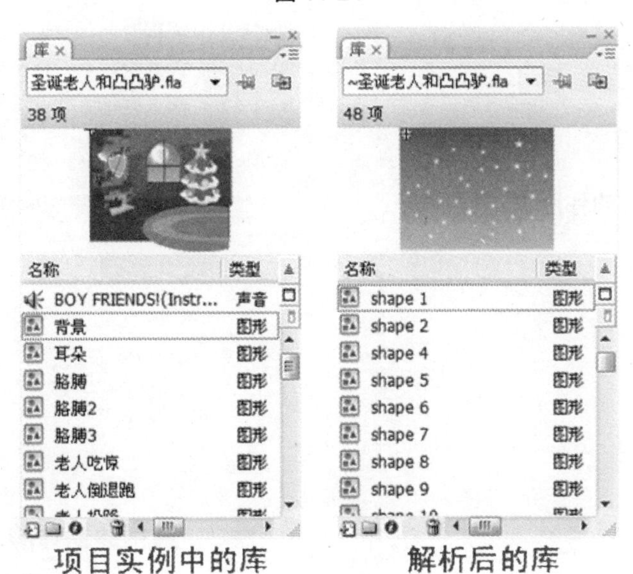

图 11-25

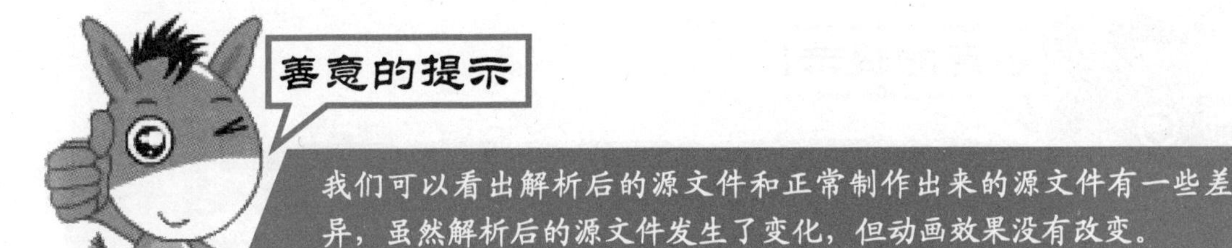

我们可以看出解析后的源文件和正常制作出来的源文件有一些差异，虽然解析后的源文件发生了变化，但动画效果没有改变。

Step 07 下面解析一个代码的 SWF 文件。用闪客精灵打开项目实例的“简单的 If 判断和 For 循环”，在“导出资源”中选择“动作文件夹”依次展开到代码源，如图 11-26 所示。

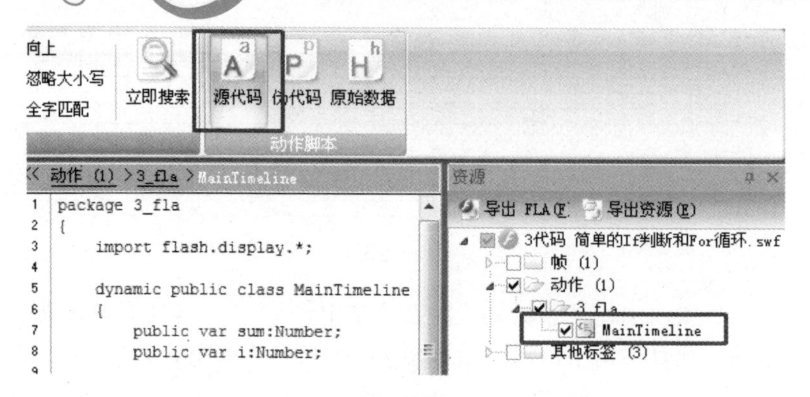

图 11-26

Step 08 在图 11-27 中，比较一下源文件中的动作脚本与闪客精灵解析的动作脚本的不同之处。我们会发现闪客精灵解析的动作脚本比源文件中的复杂很多，而且不可用。其实闪客精灵解析的代码只是对源文件代码的一个分析过程而已。

```
1   var sum:Number=0;
2   for (var i:Number=1; i<=100; i++)
3   {
4       sum+=i;
5   }
6   trace (sum);
7
```

源文件的动作脚本

```
1   package 3_fla
2   {
3       import flash.display.*;
4
5       dynamic public class MainTimeline extends MovieClip
6       {
7           public var sum:Number;
8           public var i:Number;
9
10          public function MainTimeline()
11          {
12              addFrameScript(0, frame1);
13              return;
14          }// end function
15
16          function frame1()
17          {
18              sum = 0;
19              i = 1;
20              while (i <= 100)
21              {
22                  // label
23                  sum = sum + i;
24                  i++;
25              }// end while
26              trace(sum);
27              return;
28          }// end function
29
30      }
31  }
```

解析的动作脚本

图 11-27

善意的提示

闪客精灵是无法导出动作脚本的，只能在闪客精灵中查看代码。但破解的代码与源文件中的代码有较大差异。不能直接使用。

附录　快捷键预览表

	选择工具【V】		基本椭圆工具【O】
	部分选取工具【A】		矩形工具【R】□
	线条工具【N】		基本矩形工具【R】□
	套索工具【L】		多角星形工具
	钢笔工具【P】□		铅笔工具【Y】□
	文本工具【T】□		刷子工具【B】
	椭圆工具【O】□		填充变形工具【F】□
	任意变形工具【Q】		墨水瓶工具【S】□
	颜料桶工具【K】□		套索工具【L】
	滴管工具【I】□		橡皮擦工具【E】□
	手形工具【H】□		缩放工具【Z】,【M】

新建文档	Ctrl+N	粘贴	Ctrl+V
在框架中打开	Ctrl+Shift+O	查找和替换	Ctrl+F
保存	Ctrl+S	标尺	Ctrl+ Shift+Alt+R
另存为	Ctrl+Shift+S	头内容	Ctrl+Shift+W
检查链接	Shift+ F8	颜色面板	Shift+F9
退出	Ctrl+Q	打开库	Ctrl+L
撤消	Ctrl+Z	全屏	F4
重复	Ctrl+Y	剪切	Ctrl+X
关闭	Ctrl+W	拷贝	Ctrl+C